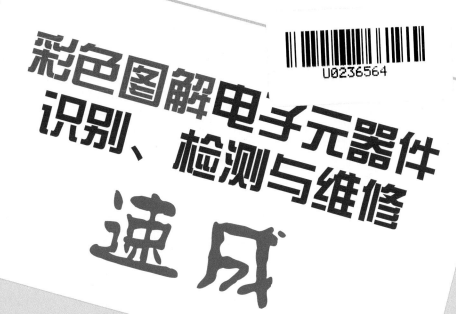

彩色图解电子元器件识别、检测与维修速成

韩雪涛　主编

吴　瑛　韩广兴　副主编

U0236564

化学工业出版社

·北京·

　　本书采用彩色图解的形式，以电工行业的工作要求和规范作为依据，全面系统地介绍了电子元器件识别、检测与维修的相关知识与技能，循序渐进地引导读者学习成为一名合格的电子电工技术人员。

　　本书内容包括：电阻器的识别、检测与应用，电容器的识别、检测与应用，电感器的识别、检测与应用，二极管的识别、检测与应用，三极管的识别、检测与应用，场效应晶体管的识别、检测与应用，晶闸管的识别、检测与应用，集成电路的识别、检测与应用，常用电气部件的检测技能。本书对电子元器件知识的讲解全面详细，理论和实践操作相结合，内容由浅入深，语言通俗易懂，全书内容彩色图解，层次分明，重点突出，非常方便读者学习。

　　为了方便读者的学习，本书还对重要的知识和技能专门配置了视频讲解，读者只需要用手机扫描二维码就可以观看视频，读者学习更加直观便捷。

　　本书可供电工、维修人员电子技术人员学习使用，也可供职业学校、培训学校作为教材使用。

图书在版编目（CIP）数据

　　彩色图解电子元器件识别、检测与维修速成／韩雪涛主编． -- 北京 ：化学工业出版社，2018.2（2024.2重印）
　　ISBN 978-7-122-31119-1

　　Ⅰ．①彩… Ⅱ．①韩… Ⅲ．①电子元器件-图解
Ⅳ．①TN60-64

　　中国版本图书馆CIP数据核字（2017）第297990号

责任编辑：李军亮 徐卿华　　　　　　　　装帧设计：尹琳琳
责任校对：王 静

出版发行：化学工业出版社(北京市东城区青年湖南街13号 邮政编码 100011)
印　　装：北京天宇星印刷厂
787mm×1092mm　1/16　印张12$\frac{1}{4}$　字数305千字　2024年2月北京第1版第6次印刷

购书咨询：010-64518888（传真：010-64519686）　　售后服务：010-64518899
网　　址：http://www.cip.com.cn
凡购买本书，如有缺损质量问题，本社销售中心负责调换。

定　　价：　58.00元

前 言

目前，对于电工电子技术而言，最困难也是学习者最关注的莫过于如何在短时间内掌握实用的技能并真正应用于实际的工作。

为了实现这个目标，我们特别策划了电工技能速成系列图书。

本系列图书共6种，分别为《彩色图解电工自学速成》《彩色图解电子元器件识别、检测与维修速成》《彩色图解电工识图速成》《彩色图解家装水电工技能速成》《彩色图解万用表入门速成》和《彩色图解电动机检测与绕组维修速成》。

本书是专门介绍电子元器件特点、应用和检测技能的图书。电子元器件及检测应用是电工领域技术人员的必备基础技能。本书引导读者通过学习可以将电子元器件检测应用的专业知识、实操技能在短时间内"全部掌握"。

为了能够编写好这本书，我们专门依托数码维修工程师鉴定指导中心进行了大量的市场调研和资料汇总。然后根据读者的学习习惯和行业的培训特点对各种电子元器件的特点、应用及检测方法进行系统的编排，并引入了大量实际电路和检测应用案例辅助教学。力求达到专业学习与岗位实践的"无缝对接"。

为了确保专业品质，本书由数码维修工程师鉴定指导中心组织编写，由全国电子行业专家韩广兴教授亲自指导。编写人员有行业工程师、高级技师和一线教师，使读者在学习过程中如同有一群专家在身边指导，将学习和实践中需要注意的重点、难点一一化解，大大提升学习效果。

另外，本书充分结合多媒体教学的特点，首先，图书在内容的制作上大胆进行多媒体教学模式的创新，将传统的"读文"学习变为"读图"学习。其次，图书还开创了数字媒体与传统纸质载体交互的全新教学方式。学习者可以通过书中的二维码，同步实时浏览对应知识点的视频讲解。数字媒体资源与图书的图文资源相互衔接，相互补充，充分调动学习者的主观能动性，确保学习者在短时间内获得最佳的学习效果。

为了更好地满足读者的需求，达到最佳的学习效果，本系列图书得到了数码维修工程师鉴定指导中心的大力支持。读者可登录数码维修工程师的官方网站（www.chinadse.org）获得超值技术服务。此外，读者还可以通过网站的技术交流平台进行技术交流和咨询。如果读者在学习和考核认证方面有什么问题，可通过以下方式与我们联系：

联系电话：022-83718162/83715667/13114807267

E-mail：chinadse@163.com

地址：天津市南开区榕苑路4号天发科技园8-1-401　　邮编：300384

本书由韩雪涛任主编，吴瑛、韩广兴任副主编。参加本书内容整理工作的还有张丽梅、宋明芳、朱勇、吴玮、吴惠英、张湘萍、高瑞征、韩雪冬、周文静、吴鹏飞、唐秀鸳、王新霞、马梦霞、张义伟。

编　者

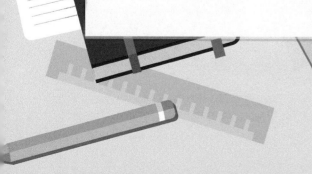

目　录

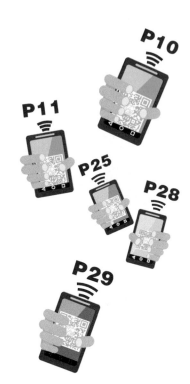

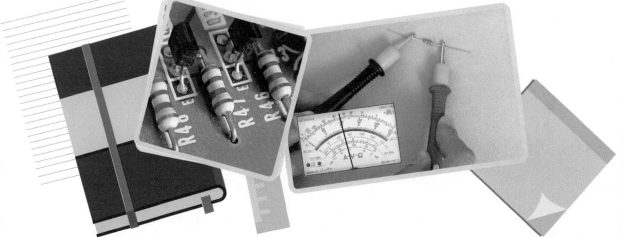

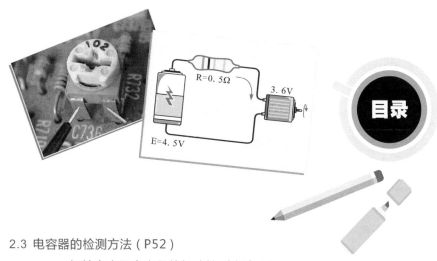

3
第3章

电感器的识别、检测与应用（P59）

P75

4
第4章

二极管的识别、检测与应用（P80）

彩色图解电子元器件识别、检测与维修速成

P97

5 第5章 三极管的识别、检测与应用（P100）

P111

彩色图解电子元器件识别、检测与维修速成

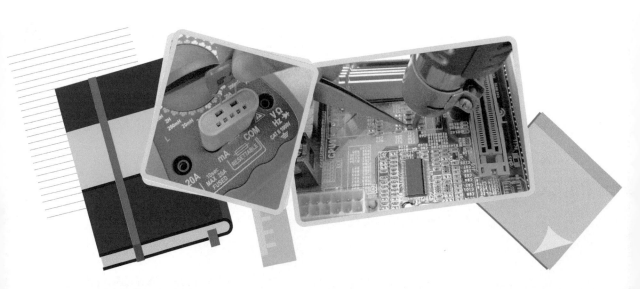

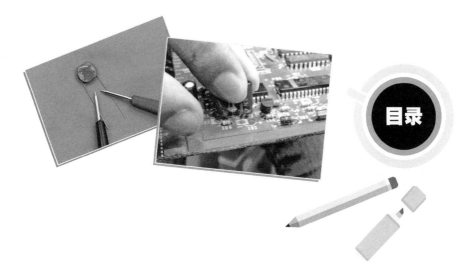

目录

P126

彩色图解电子元器件识别、检测与维修速成

彩色图解电子元器件识别、检测与维修速成

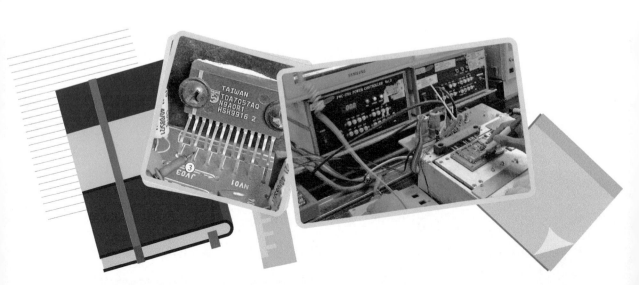

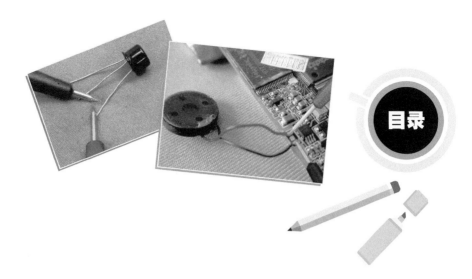

目录

P165

P171

彩色图解电子元器件识别、检测与维修速成

第1章
电阻器的识别、检测与应用

1.1 电阻器的种类特点与功能应用

1.1.1 电阻器的种类特点

电阻器简称"电阻"，它是利用物体对所通过的电流产生阻碍作用制成的电子元件，是电子产品中最基本、最常用的电子元件之一。

图1-1 常见电阻器的实物外形

图1-1为常见电阻器的实物外形。在实际应用中，电阻器的种类很多，根据其功能和应用领域的不同，主要可分为固定电阻器、可调电阻器、敏感电阻器和熔断电阻器几种。

固定电阻器　　　可变电阻器　　　敏感电阻器　　　熔断电阻器

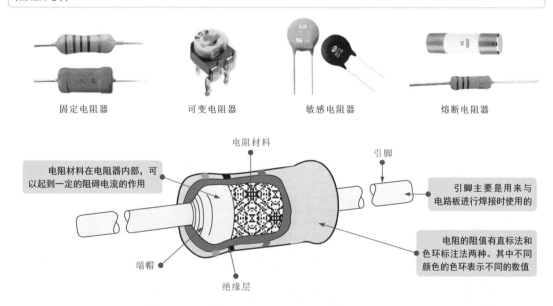

电阻材料

电阻材料在电阻器内部，可以起到一定的阻碍电流的作用

引脚

引脚主要是用来与电路板进行焊接时使用的

电阻的阻值有直标法和色环标注法两种。其中不同颜色的色环表示不同的数值

端帽

绝缘层

固定电阻器是一种阻值固定的电阻器，依据制造工艺和功能的不同，固定电阻器主要分为炭膜电阻器、金属膜电阻器、金属氧化膜电阻器、合成炭膜电阻器、玻璃釉电阻器、水泥电阻器、排电阻器、贴片式电阻器和熔断电阻器、熔断器等。

可变电阻器是一种阻值可任意改变的电阻器，这种电阻器的外壳上带有调节部位，可以手动对阻值进行调整。

敏感电阻器的阻值随外界环境变化而变化，通常可根据电阻器外壳上的标识进行识别，不同敏感电阻器的结构和功能也会不同，常见的敏感电阻器主要有热敏电阻器、光敏电阻器、湿敏电阻器、气敏电阻器、压敏电阻器等。

熔断电阻器是指阻值等于或接近零欧姆，具有过流保护功能的电阻器。

❶ 炭膜电阻器

图1-2 典型炭膜电阻器的实物外形

图1-2为典型炭膜电阻器的实物外形。炭膜电阻器就是将炭在真空高温的条件下分解的结晶炭蒸镀沉积在陶瓷骨架上制成的。

炭膜电阻器多用色环法标注阻值

字母标识：R

炭膜电阻器

电路符号

炭膜电阻器的电压稳定性好，造价低，在普通电子产品中应用非常广泛。

❷ 金属膜电阻器

图1-3 典型金属膜电阻器的实物外形

图1-3为典型金属膜电阻器的实物外形。金属膜电阻器是将金属或合金材料在真空高温的条件下加热蒸发沉积在陶瓷骨架上制成的。

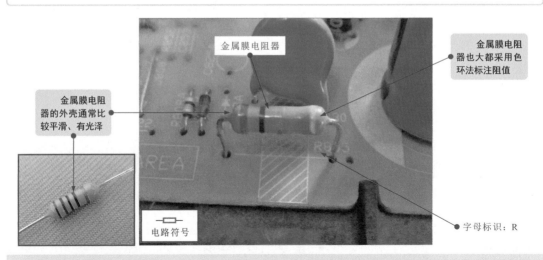

金属膜电阻器

金属膜电阻器也大都采用色环法标注阻值

金属膜电阻器的外壳通常比较平滑、有光泽

电路符号

字母标识：R

金属膜电阻器具有较高的耐高温性能、温度系数小、热稳定性好、噪声小等优点。与炭膜电阻器相比，体积更小，但价格也较高。

③ 金属氧化膜电阻器

图1-4 典型金属氧化膜电阻器的实物外形

图1-4为典型金属氧化膜电阻器的实物外形。金属氧化膜电阻器就是将锡和锑的金属盐溶液进行高温喷雾沉积在陶瓷骨架上制成的。

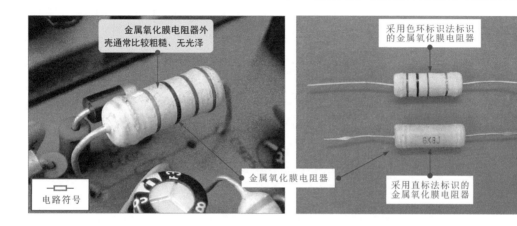

金属氧化膜电阻器外壳通常比较粗糙、无光泽

采用色环标识法标识的金属氧化膜电阻器

采用直标法标识的金属氧化膜电阻器

金属氧化膜电阻器

电路符号

金属氧化膜电阻器比金属膜电阻器更为优越，具有抗氧化、耐酸、抗高温等特点。

④ 合成炭膜电阻器

图1-5 典型合成炭膜电阻器的实物外形

图1-5为典型合成炭膜电阻器的实物外形。合成炭膜电阻器是将炭黑、填料还有一些有机黏合剂调配成悬浮液，喷涂在绝缘骨架上，再进行加热聚合而成的。

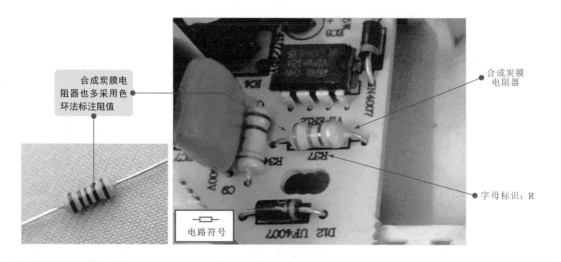

合成炭膜电阻器也多采用色环法标注阻值

合成炭膜电阻器

字母标识：R

电路符号

合成炭膜电阻器是一种高压、高阻的电阻器，通常它的外层被玻璃壳封死。这种电阻器通常采用色环标注方法标注阻值。

⑤ 玻璃釉电阻器

图1-6 典型玻璃釉电阻器的实物外形

图1-6为典型玻璃釉电阻器的实物外形。玻璃釉电阻器就是将银、铑、钌等金属氧化物和玻璃釉黏合剂调配成浆料，喷涂在绝缘骨架上，再进行高温聚合而成的。

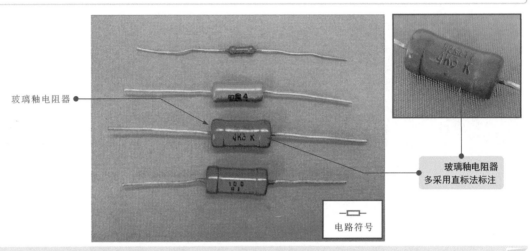

玻璃釉电阻器

玻璃釉电阻器多采用直标法标注

电路符号

玻璃釉电阻器具有耐高温、耐潮湿、稳定、噪声小、阻值范围大等特点。

⑥ 水泥电阻器

图1-7 典型水泥电阻器的实物外形

图1-7为典型水泥电阻器的实物外形。水泥电阻器是采用陶瓷、矿质材料封装的电阻器件。

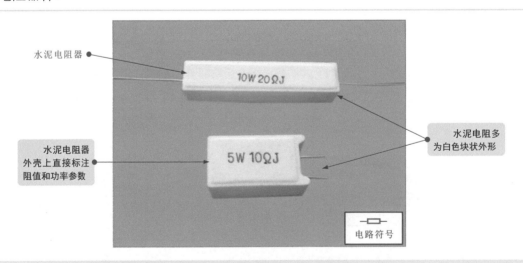

水泥电阻器

水泥电阻器外壳上直接标注阻值和功率参数

水泥电阻多为白色块状外形

电路符号

水泥电阻器的特点是功率大，阻值小，具有良好的阻燃、防爆特性。通常，电路中的大功率电阻多为水泥电阻，当负载短路时，水泥电阻的电阻丝与焊脚间的压接处会迅速熔断，对整个电路起限流保护的作用。

❼ 排电阻器

图1-8 典型排电阻器的实物外形

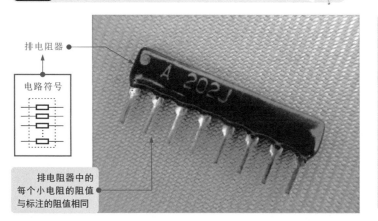

排电阻器

电路符号

排电阻器中的每个小电阻的阻值与标注的阻值相同

如图1-8所示，排电阻器也简称排阻，这种电阻器是将多个分立的电阻器按照一定规律排列集成为一个组合型电阻器，也称为集成电阻器、电阻阵列或电阻器网络，功能与多个单个固定电阻相同。

❽ 贴片式电阻器

图1-9 典型贴片式电阻器的实物外形

图1-9为典型贴片式电阻器的实物外形。随着电路集成度的提高，很多电阻器都开始超小型化制作，并采用表面贴装方式焊接在电路板上，称为贴片电阻器。

贴片电阻器

贴片式排电阻器

贴片式熔断电阻器

❾ 熔断电阻器

图1-10 典型熔断电阻器的实物外形

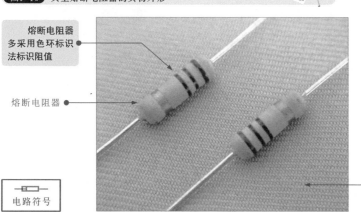

熔断电阻器多采用色环标识法标识阻值

熔断电阻器

电路符号

如图1-10所示，熔断电阻器是一种具有过流保护（熔断）功能的电阻器，其阻值通常采用色环标注的方法。

在正常情况下，熔断电阻器具有普通电阻器的电气功能，当电流过大时，熔断电阻器就会熔断从而对电路起保护作用

⑩ 熔断器

图1-11　典型熔断器的实物外形

图1-11为典型熔断器的实物外形。熔断器又叫保险丝，它是一种具有过流保护功能的器件，多安装在电源电路中。熔断器的阻值很小，几乎为零，当电流超过自身负荷时，熔断器就会熔断从而对电路起保护作用。

字母标识：FU　　　熔断器

透明的熔断器
（可看见熔丝）

电路符号

不透明
的熔断器

图1-12　根据标识区分电阻器类型

如图1-12所示，从外形来看，有时很难对直标电阻器进行区分，通常我们可以根据直标电阻器外壳上的型号标识（数字和字母）对电阻器的材料、类别等进行识别。

根据下表含义可知，
该电阻器的导电材料（类型）J：为金属膜

电阻器的字母标识
（代号）：R

电阻器的序号

根据下表含义可知，
该电阻的类别或额定功率
3：表示超高频

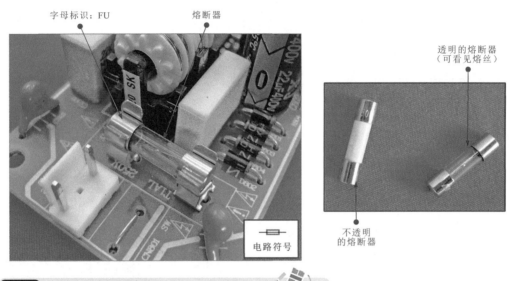

电阻器的导电材料
（类型）：J

电阻器的类别或
额定功率：3

符号	意义	符号	意义	符号	意义	符号	意义
H	合成炭膜	N	无机实芯	T	炭膜	Y	氧化膜
I	玻璃釉膜	G	沉积膜	X	线绕	F	复合膜
J	金属膜	S	有机实芯				

符号	意义	符号	意义	符号	意义	符号	意义
1	普通	5	高温	G	高功率	C	防潮
2	普通或阻燃	6	精密	L	测量	Y	被釉
3	超高频	7	高压	T	可调	B	不燃性
4	高阻	8	特殊（如熔断型等）	X	小型		

11 可变电阻器

图1-13 典型可变电阻器的实物外形

图1-13为典型可变电阻器的实物外形。可变电阻器的阻值可以根据需要手动调整。可变电阻器一般有3个引脚，其中有两个定片引脚和一个动片引脚；可变电阻器上方有一个调整旋钮，可通过它改变动片，从而改变可变电阻的阻值。

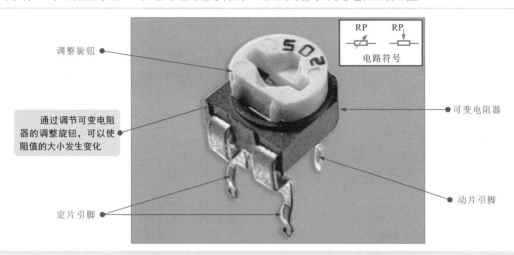

调整旋钮

通过调节可变电阻器的调整旋钮，可以使阻值的大小发生变化

定片引脚

可变电阻器

动片引脚

可变电阻器的阻值是可以调整的，通常包括最大阻值、最小阻值和可变阻值三个阻值参数。最大阻值和最小阻值都是可变电阻器的调整旋钮旋转到极端时的阻值。

最大阻值与可变电阻器的标称阻值十分相近；最小阻值就是该可变电阻器的最小阻值，一般为0Ω，也有的可变电阻器的最小阻值不是0Ω；可变阻值是对可变电阻器的调整旋钮进行随意的调整，然后测得的阻值，该阻值在最小阻值与最大阻值之间随调整旋钮的变化而变化。

12 热敏电阻器

图1-14 典型热敏电阻器的实物外形

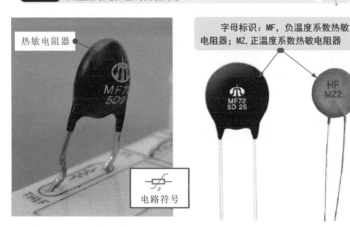

热敏电阻器

字母标识：MF，负温度系数热敏电阻器；MZ,正温度系数热敏电阻器

电路符号

图1-14为典型热敏电阻器的实物外形。热敏电阻器大多是由单晶、多晶半导体材料制成的。热敏电阻器是一种阻值会随温度的变化而自动发生变化的电阻器，有正温度系数（PTC）和负温度系数（NTC）两种。

正温度系数热敏电阻器（PTC）的阻值随温度的升高而升高，随温度的降低而降低；负温度系数热敏电阻器（NTC）的阻值随温度的升高而降低，随温度的降低而升高。在电视机、音响设备、显示器等电子产品的电源电路中，多采用NTC热敏电阻器。

⑬ 光敏电阻器

图1-15 典型光敏电阻器的实物外形

图1-15为典型光敏电阻器的实物外形。光敏电阻器是一种由半导体材料制成的电阻器，其特点是当外界光照强度变化时，阻值也随之发生变化。

感光面

字母标识：MG

光敏电阻器

电路符号

光敏电阻器外壳上通常没有标识信息，但其感光面具有明显特征，很容易辨别

光敏电阻器利用半导体的光导电特性，使电阻器的电阻值随入射光线的强弱发生变化，即当入射光线增强时，它的阻值会明显减小；当入射光线减弱时，它的阻值会显著增大。

⑭ 湿敏电阻器

图1-16 典型湿敏电阻器的实物外形

图1-16为湿敏电阻器的实物外形，该类电阻器的阻值会随周围环境湿度的变化而发生变化，常用作传感器，用来检测环境湿度。湿敏电阻器是由感湿片（或湿敏膜）、引线电极和具有一定强度的绝缘基体组成的。

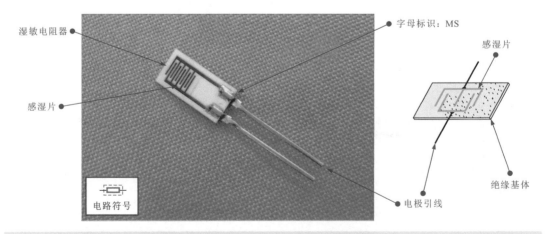

湿敏电阻器

字母标识：MS

感湿片

感湿片

电路符号

绝缘基体

电极引线

湿敏电阻器也可细分为正系数湿敏电阻器和负系数湿敏电阻器两种。正系数湿敏电阻器是当湿度增加时，阻值明显增大；当湿度减小时，阻值会显著减小。负系数湿敏电阻器是当湿度减小时，阻值会明显增大；当湿度增大时，阻值会显著减小。

⑮ 气敏电阻器

图1-17 典型气敏电阻器的实物外形

图1-17为典型气敏电阻器的实物外形。气敏电阻器是利用金属氧化物半导体表面吸收某种气体分子时，会发生氧化反应或还原反应而使电阻值改变的特性制成电阻器。

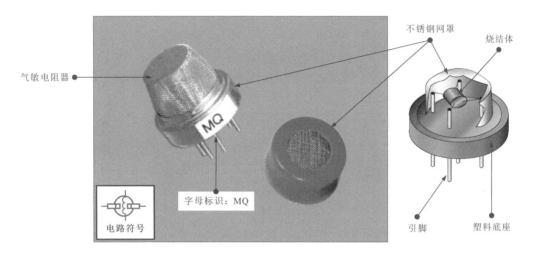

⑯ 压敏电阻器

图1-18 典型压敏电阻器的实物外形

图1-18为压敏电阻器的实物外形，压敏电阻器是利用半导体材料的非线性特性的原理制成的电阻器。

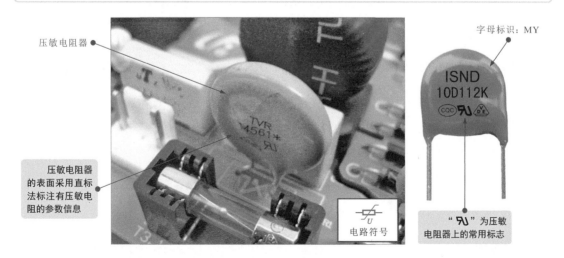

压敏电阻器的特点是当外加电压施加到某一临界值时，阻值会急剧变小，常作为过压保护器件，在电视机行输出电路、消磁电路中多有应用。

1.1.2 电阻器的功能应用

电阻器自身对电流具有阻碍作用，应用在电路中可根据所构成电路的不同形式，起到限流、降压、分压等作用。

❶ 电阻器的限流功能

图1-19 电阻器实现限流功能的示意图

如图1-19所示，电阻器阻碍电流的流动是它最基本的功能。根据欧姆定律，当电阻两端的电压固定时，电阻值越大流过它的电流越小，因而电阻器常用作限流器件。

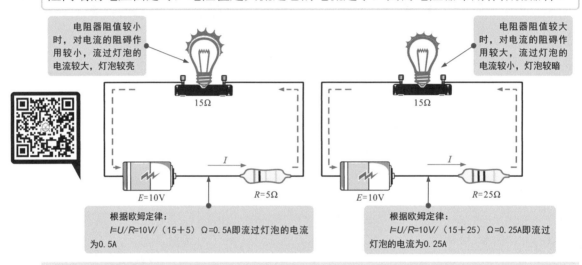

电阻器阻值较小时，对电流的阻碍作用较小，流过灯泡的电流较大，灯泡较亮

电阻器阻值较大时，对电流的阻碍作用较大，流过灯泡的电流较小，灯泡较暗

15Ω

15Ω

I

I

$E=10V$ $R=5Ω$

$E=10V$ $R=25Ω$

根据欧姆定律：
$I=U/R=10V/(15+5)$ Ω$=0.5A$即流过灯泡的电流为0.5A

根据欧姆定律：
$I=U/R=10V/(15+25)$ Ω$=0.25A$即流过灯泡的电流为0.25A

在该电路中，当电阻器的阻值比较小时，它所限制的电流比较小，则流过灯泡的电流较大，灯泡较亮；当电阻器的阻值比较大时，它所限制的电流比较大，则流过灯泡的电流较小，灯泡较暗。

❷ 电阻器的降压功能

图1-20 电阻器实现降压功能的示意图

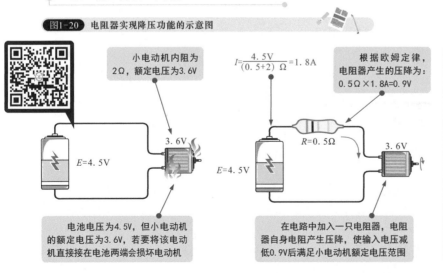

小电动机内阻为2Ω，额定电压为3.6V

$I=\dfrac{4.5V}{(0.5+2)\ Ω}=1.8A$

根据欧姆定律，电阻器产生的压降为：
$0.5Ω×1.8A=0.9V$

3.6V

$E=4.5V$

$R=0.5Ω$

3.6V

$E=4.5V$

电池电压为4.5V，但小电动机的额定电压为3.6V，若要将该电动机直接接在电池两端会损坏电动机

在电路中加入一只电阻器，电阻器自身电阻产生压降，使输入电压减低0.9V后满足小电动机额定电压范围

如图1-20所示，电阻器的降压功能与限流功能相似，它是通过自身的阻值产生一定的压降，将送入的电压降低后再为其他部件供电，以满足电路中低电压的供电需求。

③ 电阻器的分压功能

图1-21 电阻器实现分压功能的示意图

如图1-21所示，电阻器的分压功能的实现通常需要两个或两个以上的电阻器串联起来接在电路中，那么两个电阻器可将送入的电压进行分压，电阻之间分别为不同的分压点。

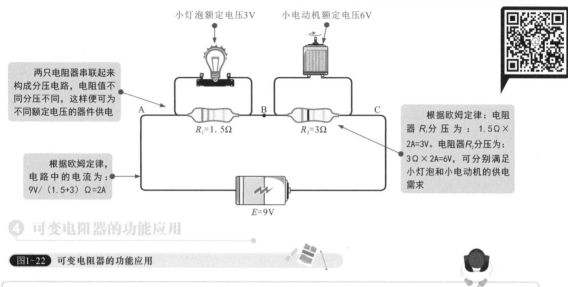

小灯泡额定电压3V

小电动机额定电压6V

两只电阻器串联起来构成分压电路，电阻值不同分压不同，这样便可为不同额定电压的器件供电

根据欧姆定律，电路中的电流为：9V/（1.5+3）Ω=2A

R_1=1.5Ω R_2=3Ω

根据欧姆定律：电阻器R_1分压为：1.5Ω×2A=3V。电阻器R_2分压为：3Ω×2A=6V，可分别满足小灯泡和小电动机的供电需求

E=9V

④ 可变电阻器的功能应用

图1-22 可变电阻器的功能应用

图1-22为可变电阻器的典型应用，该电路利用可变电路器阻值可手动调整的特点，为电路输入端提供不同参数值，实现电路设计功能。

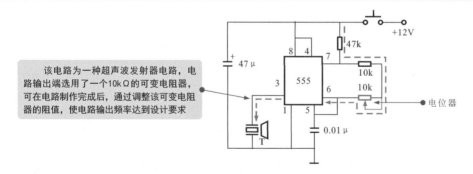

该电路为一种超声波发射器电路，电路输出端选用了一个10kΩ的可变电阻器，可在电路制作完成后，通过调整该可变电阻器的阻值，使电路输出频率达到设计要求

+12V

47μ

47k

555

10k

10k

电位器

0.01μ

T

集成电路555的3脚输出驱动信号，并加到超声波发射器（T）上。555集成电路的振荡频率取决于5、6脚外接的RC时间常数，为了使555电路的输出信号频率稳定在40kHz（超声波频率）。在555集成电路的5、6脚外设有一个电位器（10 kΩ），在进行调试时，微调电位器，很容易可使输出频率达到设计要求。

在实际应用中，虽然可变电阻器的阻值可调，但一般在调整至设计要求的阻值后，便不再经常调整（一般可用胶固化，避免阻值发生变化引起电路参数变化）。而需要经常调整的可变电阻器又称为电位器，适用于阻值经常调整且要求阻值稳定可靠的场合，例如作为电视机的亮度调谐器件、收音机的音量调节器件、VCD/DVD操作面板上的调节器件等。

❺ 热敏电阻器的功能应用

图1-23 热敏电阻器作为温度传感器的典型应用

图1-23为热敏电阻器的典型应用。图中电路是由热敏电阻器（温度传感器）RT、电压比较器和音效电路等部分构成的。

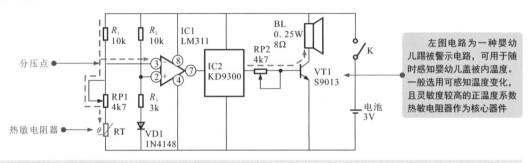

左图电路为一种婴幼儿踢被警示电路，可用于随时感知婴幼儿盖被内温度。一般选用可感知温度变化、且灵敏度较高的正温度系数热敏电阻器作为核心器件

上图中，当外界温度降低时,RT感知温度变化后，自身阻值减小，加到LM311的3脚直流电压会上升，从而使IC1的7脚的电压下降，IC2被触发而发出音频信号，经VT1放大后驱动扬声器。

❻ 光敏电阻器的功能应用

图1-24 光敏电阻器作为环境光传感器的典型应用

图1-24为光敏电阻器的典型应用。图中电路是一种光控开关电路。当光照强度下降时，光敏电阻的阻值会随之升高，使VT1、VT2相继导通，继电器得电其常开触点闭合，从而实现对外电路的控制。

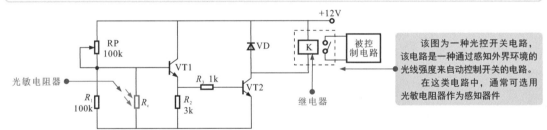

该图为一种光控开关电路，该电路是一种通过感知外界环境的光线强度来自动控制开关的电路。在这类电路中，通常可选用光敏电阻器作为感知器件

❼ 湿敏电阻器的功能应用

图1-25 湿敏电阻器作为湿度传感器的典型应用

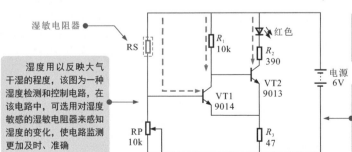

图1-25为湿敏电阻器的典型应用。

湿度用以反映大气干湿的程度，该图为一种湿度检测和控制电路，在该电路中，可选用对湿度敏感的湿敏电阻器来感知湿度的变化，使电路监测更加及时、准确

当环境湿度较小时，湿敏电阻器RS电阻值较大，电路输入端处于低电平状态，VT1截止，VT2导通处于低电平，红色发光二极管点亮；当湿度增加时，RS电阻值减小，使VT1饱和导通，VT2截止，红色发光二极管熄灭

⑧ 气敏电阻器的功能应用

通常，气敏电阻器是将某种金属氧化物粉料添加少量铂催化剂、激活剂及其他添加剂，按一定比例烧结而成的半导体器件。它可以把某种气体的成分、浓度等参数转换成电阻变化量，再转换为电流、电压信号。常作为气体感测元件，制成各种气体的检测仪器或报警器产品，如酒精测试仪、煤气报警器、火灾报警器等。

图1-26 气敏电阻器的典型应用

图1-26为气敏电阻器的典型应用。该电路为煤气泄漏检测报警电路。它是由气敏传感器、晶闸管和报警音响产生芯片等器件构成的。

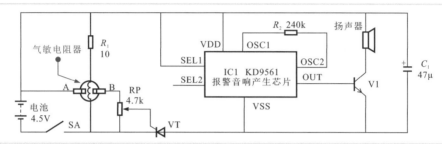

该电路为煤气泄漏检测报警电路。它是由气敏传感器、晶闸管和报警音响产生芯片等器件构成的。当煤气等可燃性气体有泄漏时，气敏传感器A、B电极之间的阻抗会降低，则B极的电压会升高，该电压触发晶闸管VT，使之导通，音响芯片和输出电路的电源被接通，IC1输出报警声信号经V1放大后驱动扬声器（或蜂鸣器）报警。

⑨ 压敏电阻器的功能应用

图1-27 压敏电阻器的典型应用

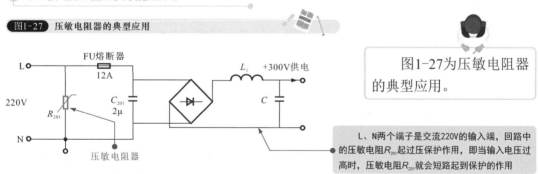

图1-27为压敏电阻器的典型应用。

L、N两个端子是交流220V的输入端，回路中的压敏电阻R_{201}起过压保护作用，即当输入电压过高时，压敏电阻R_{201}就会短路起到保护的作用

1.2 电阻器的参数识别与选用代换

1.2.1 电阻器的参数识别

识读电阻器参数是学习认识电阻器的重要环节，主要是指根据电阻器本身的一些标识信息来了解该电阻器的阻值及相关参数。目前，固定电阻器多采用直接标注和色环标注来标识其阻值及相关参数；可变电阻器和敏感电阻器也多采用直标法。

① 固定电阻器直标法标识的识读

图1-28 典型采用直接标注法标识的固定电阻器

如图1-28所示，直接标注是指通过一些代码符号将固定电阻器的阻值等参数标识在电阻器上，通过识读这些代码符号即可了解到电阻器的电阻值及相关的参数。

小数位均为数字，直接识读即可

第三位的数字为电阻值的小数位

允许偏差用字母标识，不同的字母代表允许偏差值不同

第一位的数字为电阻值的整数位

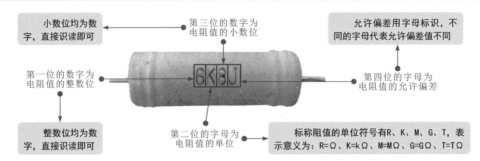

第四位的字母为电阻值的允许偏差

整数位均为数字，直接识读即可

第二位的字母为电阻值的单位

标称阻值的单位符号有R、K、M、G、T，表示意义为：R=Ω、K=kΩ、M=MΩ、G=GΩ、T=TΩ

该固定电阻器的命名为"6K8J"，其中"6"表示第一位有效数字为6，"K"表示电阻的单位为kΩ，"8"表示电阻值的小数为8，"J"表示电阻器的允许误差为±5%。因此，可以识别该电阻器上标识信息为：6.8 kΩ±5%。允许偏差中不同的字母代表的含义不同，具体的含义见表1-1所列。

表1-1 普通电阻器允许偏差中不同字母代表的含义

型号	意义	型号	意义	型号	意义	型号	意义
Y	±0.001%	P	±0.02%	D	±0.5%	K	±10%
X	±0.002%	W	±0.05%	F	±1%	M	±20%
E	±0.005%	B	±0.1%	G	±2%	N	±30%
L	±0.01%	C	±0.25%	J	±5%		

由于贴片元器件体积比较小，因此也都是采用直接标识法标识出阻值。贴片式元器件的直接标识法通常采用数字直接标识法、数字+字母直接标识法。

图1-29 贴片式电阻器上几种常见直接标注法标识的识读方法

图1-29为贴片式电阻器上几种常见的标识方法。

第一位有效数字　第二位有效数字　第三位倍乘

识读为：$18×10^0=18Ω$

（a）数字直标

有效数字　小数点　有效数字

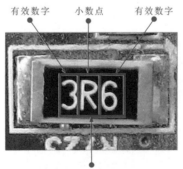

识读为：3.6Ω

（b）数字+字母+数字直标

数字：电阻值代号　字母：有效值的倍乘

"22"有效值为165；"A"倍乘为10^0；电阻器阻值：$165×10^0=165Ω$

（c）数字+数字+字母直标

前两种标注方法的识读比较简单、直观，第三种标注方法需要了解不同数字所代表的有效值，以及不同字母对应的具体倍乘数，见表1-2、表1-3。

表1-2 数字+字母直标法中数字代表的含义

代码	有效值	代码	有效值	代码	有效值	代码	有效值	代码	有效值	代码	有效值
01	100	17	147	33	215	49	316	65	464	81	681
02	102	18	150	34	221	50	324	66	475	82	698
03	105	19	154	35	226	51	332	67	487	83	715
04	107	20	158	36	232	52	340	68	499	84	732
05	110	21	162	37	237	53	348	69	511	85	750
06	113	22	165	38	243	54	357	70	523	86	768
07	115	23	169	39	249	55	365	71	536	87	787
08	118	24	174	40	255	56	374	72	549	88	806
09	121	25	178	41	261	57	383	73	562	89	825
10	124	26	182	42	267	58	392	74	576	90	845
11	127	27	187	43	274	59	402	75	590	91	866
12	130	28	191	44	280	60	412	76	604	92	887
13	133	29	196	45	287	61	422	77	619	93	909
14	137	30	200	46	294	62	432	78	634	94	931
15	140	31	205	47	301	63	442	79	649	95	953
16	143	32	210	48	309	64	453	80	665	96	976

表1-3 不同字母所代表的倍乘数含义

字母代号	A	B	C	D	E	F	G	H	X	Y	Z
被乘数	10^0	10^1	10^2	10^3	10^4	10^5	10^6	10^7	10^{-1}	10^{-2}	10^{-3}

❷ 固定电阻器色环法标识的识读

图1-30 典型采用色标法标识的电阻器

如图1-30所示，电阻器的色标法是将电阻器的参数用不同颜色的色环或色点标注在电阻器的表面上，通过识别色环或色点的颜色和位置读出电阻值。

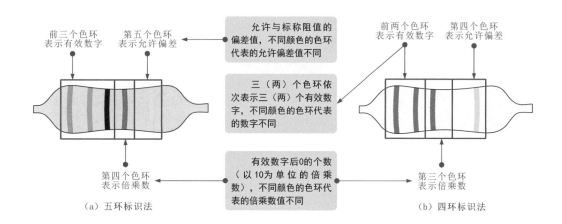

前三个色环表示有效数字　第五个色环表示允许偏差

允许与标称阻值的偏差值，不同颜色的色环代表的允许偏差值不同

三（两）个色环依次表示三（两）个有效数字，不同颜色的色环代表的数字不同

第四个色环表示倍乘数

有效数字后0的个数（以10为单位的倍乘数），不同颜色的色环代表的倍乘数值不同

前两个色环表示有效数字　第四个色环表示允许偏差

第三个色环表示倍乘数

（a）五环标识法　　　　　（b）四环标识法

五环标识法与四环标识法的标识原则相似，只是有效数字个数不同，其他均相同。

有效数字：3（2）个色环依次表示3（2）个有效数字，不同颜色的色环代表的数字不同。

倍乘数：有效数字后0的个数（以10为单位的倍乘数），不同颜色的色环代表的倍乘数值不同。

允许偏差：电阻器允许与标称阻值的偏差值，不同颜色的色环代表的允许偏差值不同。

电阻器的色环标注主要是以不同的颜色来表示的，不同颜色代表不同的有效数字和倍乘数，具体色环颜色代表含义参见附表1-4所列。

表1-4　色环颜色代表含义

色环颜色	色环所处的排列位			色环颜色	色环所处的排列位		
	有效数字	倍乘数	允许偏差		有效数字	倍乘数	允许偏差
银色	—	10^{-2}	±10%	绿色	5	10^5	±0.5%
金色	—	10^{-1}	±5%	蓝色	6	10^6	±0.25%
黑色	0	10^0	—	紫色	7	10^7	±0.1%
棕色	1	10^1	±1%	灰色	8	10^8	—
红色	2	10^2	±2%	白色	9	10^9	±20%
橙色	3	10^3	—	无色	—	—	—
黄色	4	10^4	—				

根据上述原则，图1-30中左侧五环标识法标注的电阻器上标识色环颜色依次为："橙蓝黑棕金"。"橙色"表示有效数字3；"蓝色"表示有效数字6；"黑色"表示有效数字0；"棕色"表示倍乘数 10^1；"金色"表示允许偏差±5%。因此该阻值标识为：$360×10^1 \Omega \pm 5\% = 3600 \Omega \pm 5\% = 3.6\ k\Omega \pm 5\%$。

根据上述原则，图1-30中右侧四环标识法标注的电阻器上标识色环颜色依次为："红红棕金"。"红色"表示有效数字2；第二个"红色"也表示有效数字2；"棕色"表示倍乘数 10^1；"金色"表示允许偏差±5%。因此该阻值标识为：$22×10^1 \Omega \pm 5\% = 220 \Omega \pm 5\%$。

 图1-31　确定色环电阻器色环的起始端方法

如图1-31所示，在实际的电子产品的电路板中，电阻器安装的方向千变万化，我们在确定色环电阻器识读的起始端一般可从四个方面入手，即通过允许偏差色环识别、通过色环位置识别、通过色环间距识别、通过电阻值与允许偏差的常识识别。

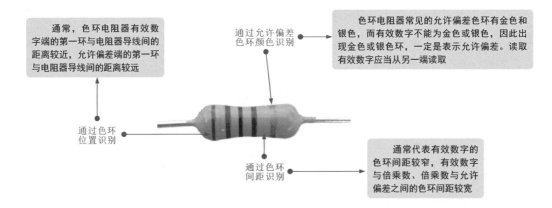

通常，色环电阻器有效数字端的第一环与电阻器导线间的距离较近，允许偏差端的第一环与电阻器导线间的距离较远

通过允许偏差色环颜色识别

色环电阻器常见的允许偏差色环有金色和银色，而有效数字不能为金色或银色，因此出现金色或银环，一定是表示允许偏差。读取有效数字应当从另一端读取

通过色环位置识别

通过色环间距识别

通常代表有效数字的色环间距较窄，有效数字与倍乘数、倍乘数与允许偏差之间的色环间距较宽

图1-31中，色环电阻器中5个色环的颜色分别为红、蓝、黑、棕、金，对应有效数字分别为"2，6，0"，倍乘数为"10^1"，允许偏差为±5%，则识读5个色环可知，该电阻器的阻值为：$260×10^1 \Omega \pm 5\% = 2600 \Omega \pm 5\%$。

❸ 可变电阻器直标法标识的识读

图1-32 典型采用直接标注法标识的可变电阻器

如图1-32所示，可变电阻器采用直标法将型号、类型、标称电阻值和额定功率以字母、数字的形式标识在外壳上。

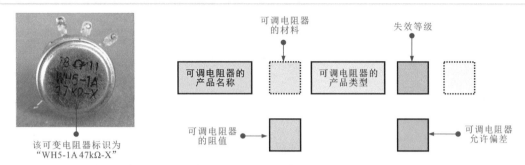

该可变电阻器标识为
"WH5-1A 47kΩ-X"

可变电阻器的产品名称和产品类型分别用字母标识，不同字母表示的含义见表1-5、表1-6所列。

表1-5 可变电阻器的产品名称

符号	WX	WH	WN	WD	WS	WI	WJ	WY	WF
产品名称	线绕型电位器	合成炭膜电位器	无机实芯电位器	导电塑料电位器	有机实芯电位器	玻璃釉膜电位器	金属膜电位器	氧化膜电位器	复合膜电位器

表1-6 可变电阻器的产品类型

符号	G	H	B	W	Y	J	D	M	X	Z	P	T
产品类型	高压类	组合类	片式类	螺杆驱动预调类	旋转预调类	单圈旋转精密类	多圈旋转精密类	直滑式精密类	旋转式低功率	直滑式低功率	旋转式功率类	特殊类

图1-32中，电位器的名称符号为"WH"表示为合成炭膜电位器，"47 kΩ"表示阻值大小；"X"表示允许偏差为±0.002 %。

❹ 热敏电阻器标识的识读

图1-33 热敏电阻器标识的识读方法

如图1-33所示，热敏电阻器的型号有很多种，根据型号中各字母或数字的意义，对于识别热敏电阻器将很有帮助。

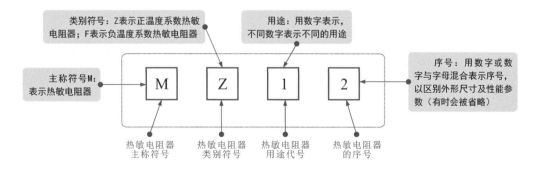

热敏电阻器标识中，代表用途的数字含义见表1-7所列。

表1-7　热敏电阻器标识中代表用途的不同数字含义

M（或MS）			1	2	3	4	5	6	7	0	用数字或数字与字母的混合表示序号，以区别热敏电阻器的外形尺寸及性能参数
热敏电阻器的代号	Z	正温度系数热敏电阻器	普通型	限流用	延迟用	测温用	控温用	消磁用	恒温型	特殊型	
	F	负温度系数热敏电阻器	1	2	3	4	5	6	7	8	
			普通型	稳压型	微波测量型	旁热式	测温用	控温用	抑制浪涌型	线性型	

❺ 光敏电阻器标识的识读

图1-34 光敏电阻器标识的识读方法

如图1-34所示，光敏电阻器的型号有很多种，根据型号中各字母或数字的意义，对于识别光敏电阻器将很有帮助。

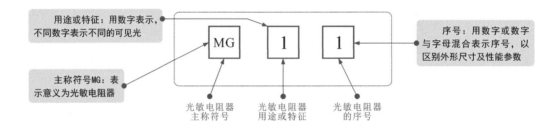

用途或特征：用数字表示，不同数字表示不同的可见光

主称符号MG：表示意义为光敏电阻器

序号：用数字或数字与字母混合表示序号，以区别外形尺寸及性能参数

光敏电阻器主称符号　光敏电阻器用途或特征　光敏电阻器的序号

光敏电阻器标识中，代表用途或特征的数字含义见表1-8所列。

表1-8　光敏电阻器标识中代表用途或特征的不同数字含义

MG	0	1、2、3	4、5、6	7、8、9	序号
光敏电阻器的代号	特殊	紫外光	可见光	红外光	用数字或数字与字母的混合表示序号，以区别电阻器的外形尺寸及性能参数

图1-35 光敏电阻器的结构组成

如图1-35所示，光敏电阻器主要由光导电材料、电极、绝缘衬底等构成。根据照射光线强度的不同，光敏电阻器阻值可发生变化（一般光照强度越大，电阻值越小）。

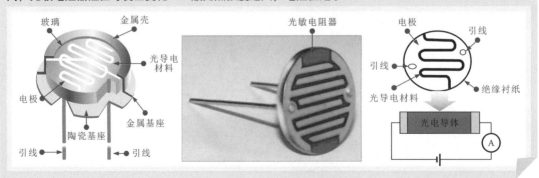

⑥ 湿敏电阻器标识的识读

图1-36 湿敏电阻器标识的识读方法

如图1-36所示，湿敏电阻器的型号有很多种，根据型号中各字母或数字的意义，对于识别湿敏电阻器将很有帮助。

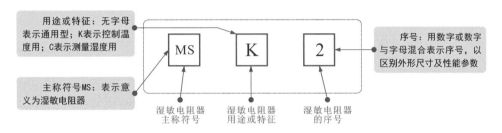

用途或特征：无字母表示通用型；K表示控制温度用；C表示测量湿度用

主称符号MS：表示意义为湿敏电阻器

序号：用数字或数字与字母混合表示序号，以区别外形尺寸及性能参数

湿敏电阻器 主称符号

湿敏电阻器 用途或特征

湿敏电阻器 的序号

湿敏电阻器标识中，代表用途或特征的数字含义见表1-9所列。

表1-9 湿敏电阻器标识中代表用途或特征的不同数字含义

第一部分：主称		第二部分：用途或特征		第三部分：序号
字母	含义	字母	含义	
MS	湿敏电阻器	无字母	通用型	用数字或数字与字母的混合表示序号，以区别外形尺寸及性能参数
		K	控制温度用	
		C	测量湿度用	

⑦ 气敏电阻器标识的识读

图1-37 气敏电阻器标识的识读方法

如图1-37所示，气敏电阻器的型号有很多种，根据型号中各字母或数字的意义，对于识别气敏电阻器将很有帮助。

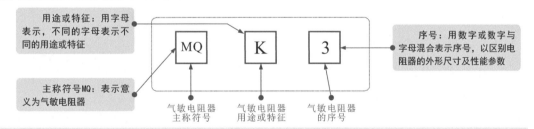

用途或特征：用字母表示，不同的字母表示不同的用途或特征

主称符号MQ：表示意义为气敏电阻器

序号：用数字或数字与字母混合表示序号，以区别电阻器的外形尺寸及性能参数

气敏电阻器 主称符号

气敏电阻器 用途或特征

气敏电阻器 的序号

气敏电阻器标识中，代表用途或特征的数字含义见表1-10所列。

表1-10 气敏电阻器标识中代表用途或特征的不同数字含义

第一部分：主称		第二部分：用途或特征		第三部分：序号
字母	含义	字母	含义	
MQ	气敏电阻器	J	酒精检测用	用数字或数字与字母的混合表示序号，以区别电阻器的外形尺寸及性能参数
		K	可燃气体检测用	
		Y	烟雾检测用	
		N	N型气敏电阻器	
		P	P型气敏电阻器	

图1-38 气敏电阻器标识的识读

如图1-38所示，典型气敏电阻器上的标识为"MQ-4"、"N21A"，对应标识位置和用途含义表，识别典型气敏电阻器的标识含义。

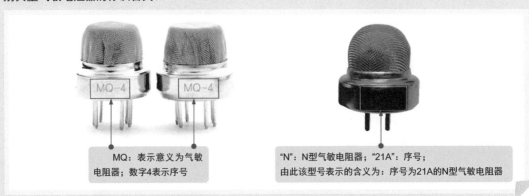

MQ：表示意义为气敏
电阻器；数字4表示序号

"N"：N型气敏电阻器；"21A"：序号；
由此该型号表示的含义为：序号为21A的N型气敏电阻器

⑧ 压敏电阻器标识的识读

图1-39 压敏电阻器标识的识读方法

如图1-39所示，压敏电阻器的型号有很多种，根据型号中各字母或数字的意义，对于识别压敏电阻器将很有帮助。

用途或特征：用字母表
示，不同字母表示含义不同

序号：用数字或数字
与字母混合表示序号，以
区别外形尺寸及性能参数

主称符号MY：表
示意义为压敏电阻器

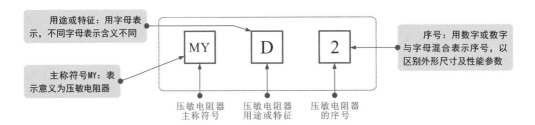

压敏电阻器
主称符号

压敏电阻器
用途或特征

压敏电阻器
的序号

压敏电阻器标识中，代表用途的字母含义见表1-11所列。

表1-11 压敏电阻器标识中代表用途的不同字母含义

第一部分：主称		第二部分：用途或特征				第三部分：序号
字母	含义	字母	含义	字母	含义	
MY	压敏电阻器	无	普通型	M	防静电用	用数字表示序号，有的在序号的后面还标有标称电压通流容量或电阻体直径、标称电压、电压误差等
		D	通用型	N	高能用	
		B	补偿用	P	高频用	
		C	消磁用	S	元件保护用	
		E	消噪用	T	特殊用	
		G	过压保护用	W	稳压用	
		H	灭弧用	Y	环型	
		K	高可靠用	Z	组合型	
		L	防雷用			

  电阻器在电路中用字母"R"表示。电阻的度量单位是欧姆，用字母"Ω"表示。并且规定电阻两端加1伏特（V）电压，通过它的电流为1安培（A）时，定义该电阻器的阻值为1欧姆（记为1Ω）。

  实际应用中还有千欧（用"kΩ"表示）单位和兆欧（用"MΩ"表示）单位，它们之间的换算关系是：

  $1 \text{ M}\Omega = 10^3 \text{k}\Omega = 10^6 \Omega$。

  电阻的主要参数有标称值、阻值误差及额定功率等。

  （1）标称阻值

  标称阻值是指电阻体表面上标志的电阻值，其单位为Ω（对热敏电阻器，则指25℃时的阻值）。

  （2）允许偏差

  电阻器的允许偏差是指电阻器的实际阻值对于标称阻值所允许的最大偏差范围，它标志着电阻器的阻值精度。

  （3）额定功率

  额定功率是指电阻器在直流或交流电路中，当在一定大气压力下（87～107 kPa）和在产品标准中规定的温度下（-55～125 ℃不等），长期连续工作所允许承受的最大功率。

  （4）温度系数

  电阻器的温度系数是表示电阻器热稳定性随温度变化的物理量。电阻器温度系数越大，其热稳定性越差。温度系数用α_T表示，它表示温度每升高1℃电阻值的相对变化量，即：

$$\alpha_T = \frac{R_T - R_0}{R_0(T - T_0)} \times 10^{-6}$$

式中 R_0——常温下的电阻；

   R_T——温度变化后的阻值；

   T_0——常温温度值（20～25 ℃）；

   T——变化后的温度值。

  （5）电压系数

  电阻器的阻值与其所加的电压有关，这种关系可以用电压系数（K_V）表示出来。电压系数是指外加电压每改变1V时电阻器阻值的相对变化量，即：

$$K_V = \frac{R_2 - R_1}{R_1(U_2 - U_1)} \times 100\%$$

式中 U_2、U_1——外加电压，V；

   R_2、R_1——U_2和U_1相应的电阻值，Ω。

  电压系数表示了电阻器对外加电压的稳定程度。电压系数越大，电阻器的阻值对电压的依赖性越强；反之则弱。

  （6）最大工作电压

  电阻器的最大工作电压是指电阻器长期工作不发生过热或电击穿损坏等现象的电压。从电阻器的发热状态来考虑，允许加到电阻器两端的最大电压数值等于它的额定电压额，即：

$$U_{额} = \sqrt{P_{额} R_{额}}$$

式中 $P_{额}$——额定功率，W；

   $R_{额}$——标称阻值，Ω。

  （7）老化系数

  电阻器在额定功率长期负荷下，阻值相对变化的百分数，它是表示电阻器寿命长短的参数。

  （8）噪声

  产生于电阻器中的一种不规则的电压起伏，包括热噪声和电流噪声两部分，热噪声是由于导体内部不规则的电子自由运动，使导体任意两点的电压不规则变化。

1.2.2 电阻器的选用代换

当实际应用中，电阻器因环境等因素影响，有损坏、失效的情况时，需要选择可替代的电阻器进行代换，以恢复电路功能。

❶ 普通电阻器的选用与代换

在代换普通电阻器时，尽可能选用同型号的电阻器替换，若无法找到同型号电阻器代换时，应注意选用电阻器的标称阻值要与所需电阻器阻值差值越小越好，并且普通电阻器的额定功率应符合固定电阻器的要求。一般电路中选用电阻器允许误差为±5%～±10%；所选电阻器的额定功率，应符合应用电路中对电阻器功率容量的要求。一般所选电阻器的额定功率应大于实际承受功率的两倍以上。

图1-40 普通电阻器的选用与代换

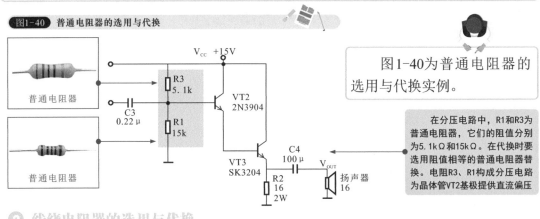

图1-40为普通电阻器的选用与代换实例。

在分压电路中，R1和R3为普通电阻器，它们的阻值分别为5.1kΩ和15kΩ。在代换时要选用阻值相等的普通电阻器替换。电阻器R3、R1构成分压电路为晶体管VT2基极提供直流偏压

❷ 线绕电阻器的选用与代换

在选择代换线绕电阻器时，尽可能选用同型号的电阻器替换，若无法找到同型号电阻器。代换时应注意选用电阻器的阻值和功率与线绕电阻器保持一致。

选用的线绕电阻器在交流电路中，电阻值会附加感抗，电感产生的感抗会对交流信号产生阻碍作用，相当于电阻加大；交流频率越高感抗越大。所选电阻器的额定功率，应符合应用电路中对电阻器功率容量的要求。一般所选电阻器的额定功率应大于实际承受功率的两倍以上。

图1-41 线绕电阻器的选用与代换

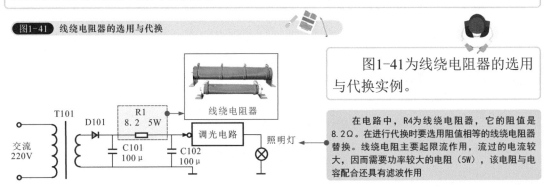

图1-41为线绕电阻器的选用与代换实例。

在电路中，R4为线绕电阻器，它的阻值是8.2Ω。在进行代换时要选用阻值相等的线绕电阻器替换。线绕电阻主要起限流作用，流过的电流较大，因而需要功率较大的电阻（5W），该电阻与电容配合还具有滤波作用

❸ 熔断电阻器的选用与代换

　　在选用代换熔断电阻器时，尽可能选用同型号的熔断电阻器替换，若无法找到同型号电阻器代换时，应注意选用电阻器的标称阻值要与所需电阻器阻值差值越小越好，并且熔断电阻器的额定功率应符合固定电阻器的要求。电阻值过大或功率过大，均不能起到保护作用。

图1-42　熔断电阻器的选用与代换

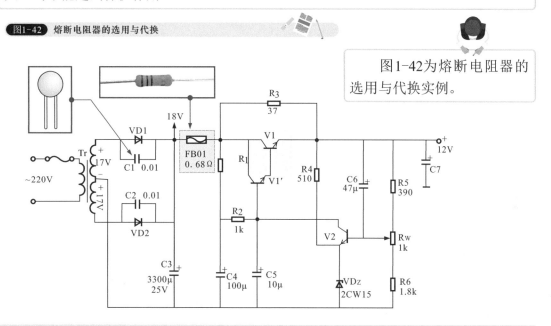

图1-42为熔断电阻器的选用与代换实例。

　　电路中，直流12V电源电路中设有熔断电阻FB01（0.68Ω），如负载过大，该熔断电阻FB01会熔断，从而起保护作用。

❹ 可变电阻器的选用与代换

　　在选用代换可变电阻器时，尽可能选用同型号的电阻器替换，若无法找到同型号电阻器代换时，应注意选用电阻器的标称阻值要与所需电阻器阻值差值越小越好，阻值可变范围不应超出电路承受力。

图1-43　可变电阻器的选用与代换

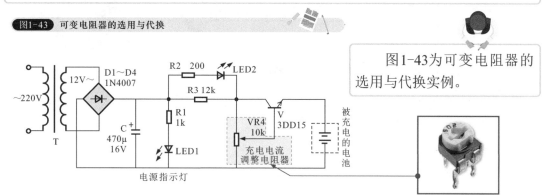

图1-43为可变电阻器的选用与代换实例。

在电池充电器电路中，VR4为阻值可变电阻器。它的阻值是10kΩ。在对其代换时要选用阻值相等的阻值可调电阻器替换。该电路为一种电池充电器电路，为实现可以对不同数量的电池充电，在电路中常选用10kΩ的可变电阻器或电位器作为电压调整器件。

市电经变压器T变成交流12V电压后由二极管D1～D4桥式整流。再经电容C滤波，电阻R3限流后由晶体三极管V和电阻VR4调压输出。晶体三极管V和电阻器VR4组成调压电路，通过调整输出电压来适应对不同数量电池充电的需要，并控制充电电流。

⑤ 气敏电阻器的选用与代换

在选用代换气敏电阻器时，尽可能选用同型号的电阻器替换，若无法找到同型号电阻器代换时，应注意选用电阻器的标称阻值要与所需电阻器阻值差值越小越好，并且气敏电阻器的额定功率应符合固定电阻器的要求。

图1-44 气敏电阻器的选用与代换

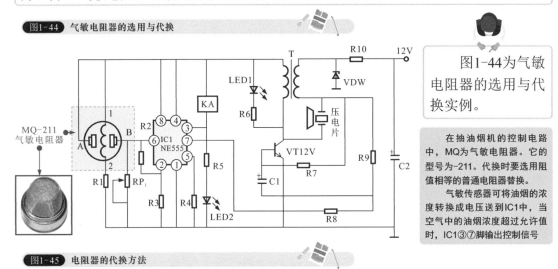

图1-44为气敏电阻器的选用与代换实例。

在抽油烟机的控制电路中，MQ为气敏电阻器。它的型号为-211。代换时要选用阻值相等的普通电阻器替换。

气敏传感器可将油烟的浓度转换成电压送到IC1中，当空气中的油烟浓度超过允许值时，IC1③⑦脚输出控制信号

图1-45 电阻器的代换方法

如图1-45所示，由于电阻器的形态各异，安装方式也不相同，因此在对电阻器进行代换时一定要注意方法。要根据电路特点以及电阻器自身特性来选择正确、稳妥的代换方法。通常，电阻器都是采用焊装的形式固定在电路板上，从焊装的形式上看，主要可以分为表面贴装和插接焊装两种形式。

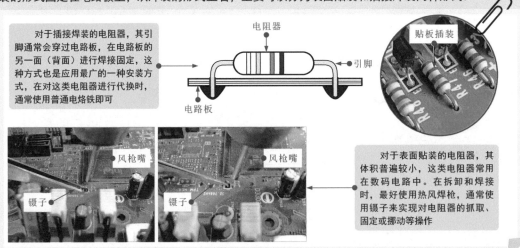

对于插接焊装的电阻器，其引脚通常会穿过电路板，在电路板的另一面（背面）进行焊接固定，这种方式也是应用最广的一种安装方式，在对这类电阻器进行代换时，通常使用普通电烙铁即可

对于表面贴装的电阻器，其体积普遍较小，这类电阻器常用在数码电路中。在拆卸和焊接时，最好使用热风焊枪，通常使用镊子来实现对电阻器的抓取、固定或挪动等操作

1.3 电阻器的检测方法

1.3.1 色环电阻器的检测方法

❶ 识读待测色环法标识的电阻器阻值

图1-46 色环标识电阻器的识读

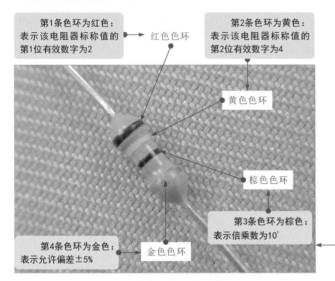

第1条色环为红色：表示该电阻器标称值的第1位有效数字为2

红色色环

第2条色环为黄色：表示该电阻器标称值的第2位有效数字为4

黄色色环

棕色色环

第3条色环为棕色：表示倍乘数为10^1

第4条色环为金色：表示允许偏差±5%

金色色环

如图1-46所示，这有一个待测固定电阻器，其色环颜色清晰，外观良好。首先对电阻器的阻值进行识读，确定电阻器的标称阻值后，使用万用表对该电阻器进行检测，根据测量结果判断该电阻器是否损坏。

该色环电阻器上的色环从左向右依次为"红"、"黄"、"棕"、"金"。通过色环标识可知，该电阻器标称值为"240 Ω"，允许偏差为"±5%"

❷ 色环电阻器的检测方法

图1-47 色环电阻器的检测

如图1-47所示，根据待测色环电阻器的标称值"240 Ω"，将万用表量程调整至"×10"欧姆挡，并对万用表进行零欧姆校正，然后再进行检测。

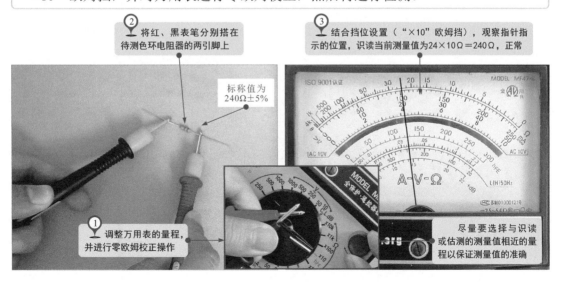

② 将红、黑表笔分别搭在待测色环电阻器的两引脚上

③ 结合挡位设置（"×10"欧姆挡），观察指针指示的位置，识读当前测量值为24×10Ω＝240Ω，正常

标称值为240Ω±5%

① 调整万用表的量程，并进行零欧姆校正操作

尽量要选择与识读或估测的测量值相近的量程以保证测量值的准确

测量时，手不要碰到表笔的金属部分，也不要碰到电阻器的两只引脚，否则人体电阻并联于待测电阻器上会影响测量的准确性。如检测电路板上的电阻，则可将待测电阻器焊下开路检测，因为在路测量电阻器时，有时会因电路中其他元器件的影响，而造成测量值的偏差。一般有以下几种情况。

◆实测结果等于或十分接近所测量电阻器的标称阻值：这种情况表明所测电阻器正常。

◆实测结果大于所测量电阻器的标称阻值：这种情况可以直接判断该电阻器存在开路或阻值增大（比较少见）的现象，电阻器损坏。

◆实测结果十分接近0Ω：这种情况不能直接判断电阻器短路，因为电阻器出现短路的故障不常见，可能是由于电路中该电阻器两端并联有其他小阻值的电阻器或电感器造成的，在路检测电阻器时，电阻值实际上是与线路中电感器的并联电阻，电感器的直流电阻值通常很小。此时，可采用后面介绍的开路检测方法进一步检测证实。

1.3.2　可变电阻器的检测方法

❶ 可变电阻器的引脚功能

图1-48　待测可变电阻器引脚功能的识别

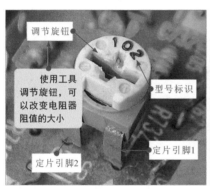

　　如图1-48所示，这有一个待测的在路可变电阻器，引脚焊接良好，旋钮可旋转，对当前待测可变电阻器的引脚进行识别。

❷ 可变电阻器的检测方法

图1-49　可变电阻器的检测方法

　　如图1-49所示，检测可变电阻器主要针对定片与定片、定片与动片之间的阻值进行检测和判断。

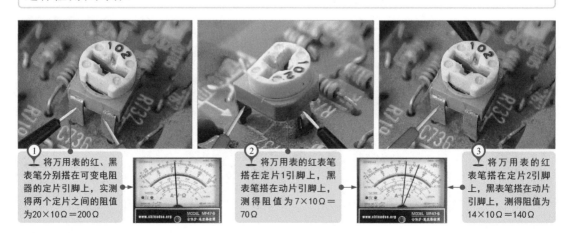

图1-49 可变电阻器的检测方法（续）

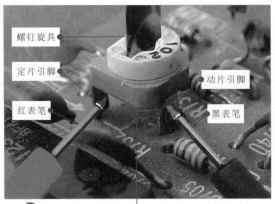

螺钉旋具
定片引脚
动片引脚
红表笔
黑表笔

④ 将两表笔搭在可变电阻器的定片引脚和动片引脚上，使用螺丝刀分别顺时针和逆时针调节可变电阻器的调整旋钮

⑤ 在正常情况下，随着螺丝刀的转动，万用表的指针在零到标称值之间平滑摆动

在路测量应注意外围元器件的影响。根据实测结果对可变电阻器的好坏作出判断：

◆若两定片之间的电阻值趋近于0或无穷大，则该可变电阻器已经损坏；

◆在正常情况下，定片与动片之间的阻值应小于标称值；

◆若定片与动片之间的最大电阻值和定片与动片之间的最小电阻值十分接近，则说明该可变电阻值已失去调节功能。

1.3.3 热敏电阻器的检测方法

❶ 识读待测热敏电阻器的参数标识

图1-50 待测热敏电阻器参数标识含义

如图1-50所示，一只待测热敏电阻器表面印有"MF72 5D 25"标识，检测前应先正确识读该标识的含义，标称参数值可为检测结果提供对照依据。

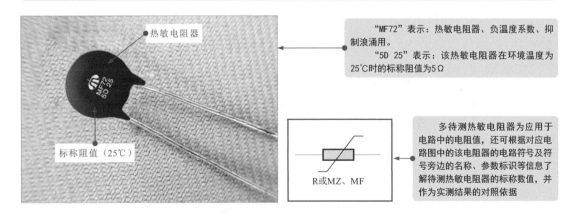

热敏电阻器

标称阻值（25℃）

"MF72"表示：热敏电阻器、负温度系数、抑制浪涌用。

"5D 25"表示：该热敏电阻器在环境温度为25℃时的标称阻值为5Ω。

R或MZ、MF

多待测热敏电阻器为应用于电路中的电阻值，还可根据对应电路图中的该电阻器的电路符号及符号旁边的名称、参数标识等信息了解待测热敏电阻器的标称数值，并作为实测结果的对照依据

在实际应用中，如果热敏电阻器并未标识标称电阻值，则可根据基本通用的规律来判断，即热敏电阻器的阻值会随着周围环境温度的变化而发生变化，若不满足该规律时，则说明热敏电阻器损坏。

❷ 热敏电阻器的检测方法

检测热敏电阻器时，可以使用万用表检测不同温度下的热敏电阻器阻值，根据检测结果判断热敏电阻器是否正常。

图1-51 热敏电阻器的检测方法

如图1-51所示，分别在室温状态下（实测环境温度接近25℃）和环境温度升高一定温度（可借助吹风器或电烙铁等热源靠近热敏电阻器以提升其环境温度）状态下用万用表检测热敏电阻器两引脚之间的阻值。

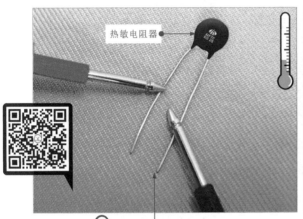

① 将指针万用表的红、黑表笔分别搭在热敏电阻器引脚的两端

② 观察指针指示的位置，识读当前的测量值为5Ω，与标称值相同，表明该热敏电阻器在常温下（25℃）正常

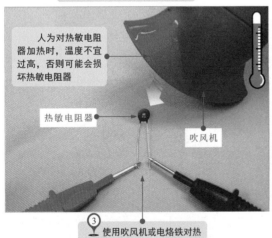

③ 使用吹风机或电烙铁对热敏电阻器加热，改变温度条件

④ 观察万用表表盘，指针慢慢向左摆动，指示的阻值明显升高（约为13.2Ω）

在常温下，若实测热敏电阻器的阻值接近标称值或与标称值相同，则表明该热敏电阻在常温下正常。红、黑表笔不动，使用吹风机或电烙铁加热热敏电阻器时，万用表的指针随温度的变化而摆动，表明热敏电阻器基本正常；若温度变化，阻值不变，则说明该热敏电阻器性能不良。

若在测试过程中，热敏电阻器的阻值随温度的升高而增大，则该电阻器为正温度系数热敏电阻器（PTC）；若其阻值随温度的升高而降低，则该电阻器为负温度系数热敏电阻器（NTC）。

1.3.4 光敏电阻器的检测方法

光敏电阻器的阻值会随外界光照强度的变化而随之发生变化。检测光敏电阻器时，可使用万用表通过测量待测光敏电阻器在不同光线下的阻值来判断光敏电阻器是否损坏。

图1-52 光敏电阻器的检测方法

如图1-52所示，分别在不同光线强度环境下，检测光敏电阻器的阻值，根据检测结果变化情况，判断光敏电阻器的好坏。

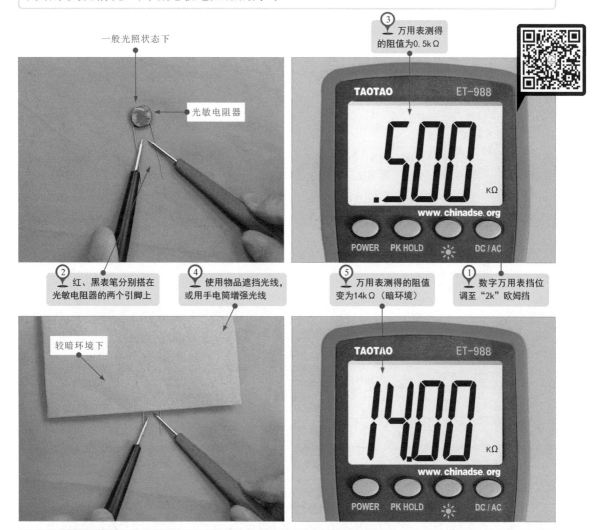

一般光照状态下

光敏电阻器

③ 万用表测得的阻值为0.5kΩ

② 红、黑表笔分别搭在光敏电阻器的两个引脚上

④ 使用物品遮挡光线，或用手电筒增强光线

⑤ 万用表测得的阻值变为14kΩ（暗环境）

① 数字万用表挡位调至"2k"欧姆挡

较暗环境下

使用万用表的电阻测量挡，分别在明亮条件下和暗淡条件下检测光敏电阻器阻值的变化。

若光敏电阻器的电阻值随着光照强度的变化而发生变化，表明待测光敏电阻器性能正常；

若光照强度变化时，光敏电阻器的电阻值无变化或变化不明显，则多为光敏电阻器感应光线变化的灵敏度低或本身性能不良。

1.3.5　湿敏电阻器的检测方法

湿敏电阻器的检测方法与热敏电阻器的检测方法相似，不同的是测量湿敏电阻器时通过改变湿度条件，用万用表检测湿敏电阻器的阻值变化情况来判别好坏。

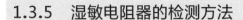图1-53　湿敏电阻器的检测方法

如图1-53所示，分别在不同湿度环境下，检测湿敏电阻器的阻值，根据检测结果变化情况，判断湿敏电阻器的好坏。

① 在一般环境湿度条件下，将万用表的红、黑表笔分别搭在湿敏电阻器的两个引脚上

② 万用表测得的阻值为756kΩ

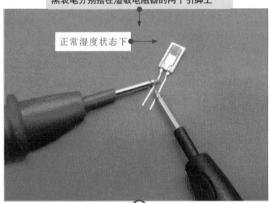

正常湿度状态下

③ 使用潮湿的棉签增加感湿片的湿度

④ 湿度增加，万用表测得的阻值变为334kΩ

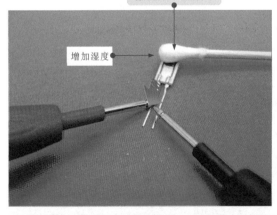

增加湿度

实际检测湿敏电阻器时，正常情况下，湿敏电阻器的电阻值应随着湿度的变化而发生变化。

若周围环境的湿度发生变化时，湿敏电阻器的阻值无变化或变化不明显，则多为湿敏电阻器感应湿度变化的灵敏度低或性能异常；若湿敏电阻器的阻值趋近于零或无穷大，则该湿敏电阻器已经损坏。

如果当湿度升高时所测得的阻值比正常湿度下所测得阻值大，则表明该湿敏电阻器为正湿度系数湿敏电阻器；

如果当湿度升高时所测得的阻值比正常湿度下测得的阻值小，则表明该湿敏电阻器为负湿度系数湿敏电阻器。

1.3.6 气敏电阻器的检测方法

不同类型气敏电阻器可检测的气体类别不同。检测时，应根据气敏电阻器的具体功能改变其周围可测气体的浓度，同时用万用表检测气敏电阻器，根据数据变化的情况来判断好坏。

❶ 搭建气敏电阻器的检测环境

图1-54 搭建气敏电阻器的检测环境

如图1-54所示，气敏电阻器正常工作需要一定的工作环境，判断气敏电阻器的好坏需要将其置于电路环境中，满足其对气体的检测条件，再进行检测。

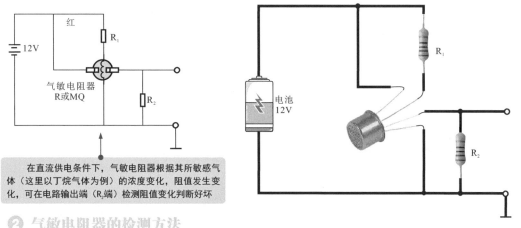

在直流供电条件下，气敏电阻器根据其所敏感气体（这里以丁烷气体为例）的浓度变化，阻值发生变化，可在电路输出端（R_2端）检测阻值变化判断好坏

❷ 气敏电阻器的检测方法

图1-55 气敏电阻器的检测方法

如图1-55所示，分别在普通环境下和丁烷气体浓度较大环境下检测气敏电阻器的参数。

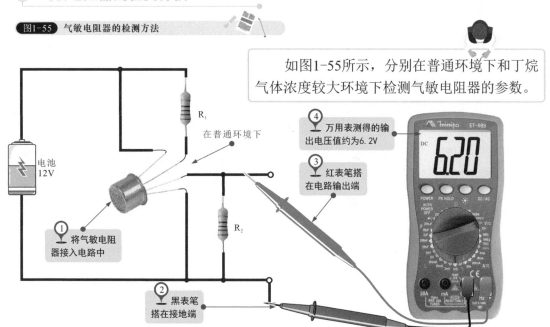

④ 万用表测得的输出电压值约为6.2V
③ 红表笔搭在电路输出端
① 将气敏电阻器接入电路中
② 黑表笔搭在接地端

图1-55 气敏电阻器的检测方法（续）

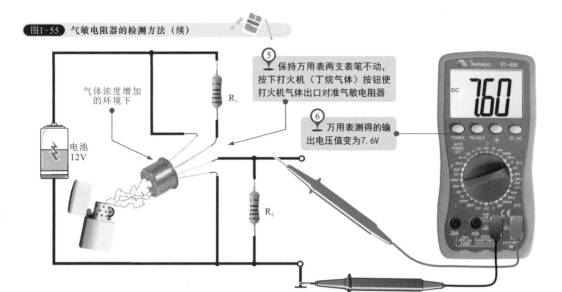

气体浓度增加的环境下

电池 12V

R₁

R₂

⑤ 保持万用表两支表笔不动，按下打火机（丁烷气体）按钮使打火机气体出口对准气敏电阻器

⑥ 万用表测得的输出电压值变为7.6V

根据实测结果可对气敏电阻器的好坏作出判断：

将气敏电阻器放置在电路中（单独检测气敏电阻器不容易测出其阻值的变化特点，在其工作状态下很明显），若气敏电阻器所检测气体浓度发生变化，则相应其所在电路中的电压参数也应发生变化，否则多为气敏电阻器损坏。

1.3.7　压敏电阻器的检测方法

图1-56 压敏电阻器的检测方法

如图1-56所示，检测压敏电阻器，可以使用数字万用表对开路状态下的压敏电阻器阻值进行检测，根据检测结果判断压敏电阻器是否正常。

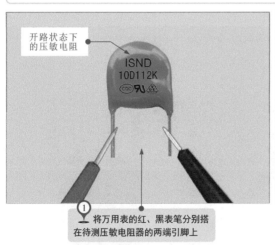

开路状态下的压敏电阻

ISND
10D112K

① 将万用表的红、黑表笔分别搭在待测压敏电阻器的两端引脚上

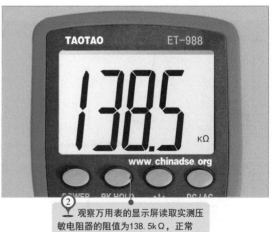

TAOTAO　　　　ET-988

138.5 KΩ

www.chinadse.org

② 观察万用表的显示屏读取实测压敏电阻器的阻值为138.5kΩ，正常

在正常情况下，压敏电阻器的电阻值很大（一般大于10kΩ），若出现阻值偏小的现象多是压敏电阻器已损坏。但应注意的是，在彩色电视机消磁电路中的压敏电阻器为负阻特性，其常态下的阻值只有100Ω左右。

第2章
电容器的识别、检测与应用

2.1 电容器的种类特点与功能应用

2.1.1 电容器的种类特点

电容器是一种可储存电能的元件（储能元件），通常简称为电容。它与电阻器一样，几乎每种电子产品中都应用电容器，是十分常见的电子元器件之一。

图2-1 常见电容器的实物外形

图2-1为常见电容器的实物外形。电容器的种类很多，根据其电容量是否可调，主要可分为固定电容器和可变电容器两大类，其中固定电容器根据是否区分引脚极性，又分为无极性电容器和有极性电容器。

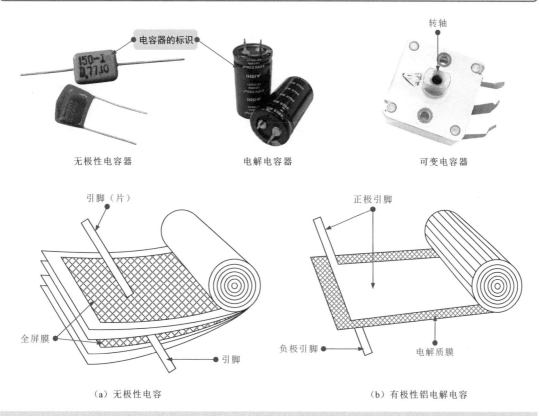

无极性电容器　　　　　　电解电容器　　　　　　可变电容器

（a）无极性电容　　　　　　　（b）有极性铝电解电容

电容器的结构非常简单，主要是由两个互相靠近的导体（金属板），中间夹一层不导电的绝缘介质构成的。

◇ 无极性电容器是指电容器的两引脚没有正负极性之分，使用时两引脚可以交换连接。大多情况下，无极性电容器在生产时，由于材料和制作工艺特点，电容量已经固定，因此属于固定电容器。

常见的无极性电容器主要有色环电容器、纸介电容器、瓷介电容器、云母电容器、涤纶电容器、玻璃釉电容器、聚苯乙烯电容器等。

◇ 有极性电容器是指电容器的两引脚有明确的正、负极性之分，使用时两引脚极性不可接反，因此在安装、使用、检测、代换等环节，都必须注意其引脚的极性。

常见的有极性电容器多为电解电容器，按材料不同分为铝电解电容器和钽电解电容器两种。

◇ 可变电容器是指电容量在一定范围内可调节的电容器。一般由相互绝缘的两组极片组成，其中，固定不动的一组极片称为定片，可动的一组极片称为动片，通过改变极片间相对的有效面积或片间距离，来使其电容量相应地变化。这种电容器主要用在无线电接收电路中选择信号（调谐）。

可变电容器按介质的不同可以分为空气介质和薄膜介质两种。按照结构的不同又可分为微调可变电容器、单联可变电容器、双联可变电容器和多联可变电容器。

❶ 色环电容器

 图2-2 典型色环电容器的实物外形

图2-2为典型色环电容器的实物外形。色环电容器是指在电容器的外壳上标识有多条不同颜色的色环，用以标识其电容量，与色环电阻器十分相似。

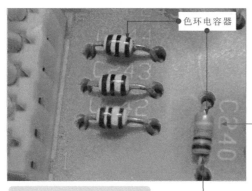

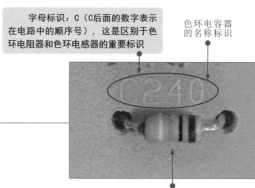

字母标识：C（C后面的数字表示在电路中的顺序号），这是区别于色环电阻器和色环电感器的重要标识

色环电容器的名称标识

色环电容器的外形多为圆柱形，外壳上标有不同颜色的色环

电路图形符号
⊣⊢

❷ 纸介电容器

 图2-3 典型纸介电容器的实物外形

纸介电容器

电路符号
⊣⊢

CZ82-2
0.1μF ±5%
6.3KVDC
1008

纸介电容器外壳上标识有电容量、耐压值等参数信息

图2-3为典型纸介电容器的实物外形。纸介电容器是以纸为介质的电容器。它是用两层带状的铝或锡箔中间垫上浸过石蜡的纸卷成筒状，再装入绝缘纸壳或陶瓷壳中，引出端用绝缘材料封装制成。

纸介电容器的价格低、体积大、损耗大且稳定性较差。由于存在较大的固有电感，不宜在频率较高的电路中使用，常于电动机启动电路中。

图2-4 典型金属化纸介电容器的实物外形

如图2-4所示，在实际应用中，有一种金属化纸介电容器，该类电容器是在涂有醋酸纤维漆的电容器纸上再蒸发一层厚度为0.1μm的金属膜作为电极，然后用这种金属化的纸卷绕成芯子，端面喷金，装上引线并放入外壳内封装而成。

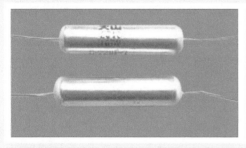

金属化纸介电容器比普通纸介电容器体积小，但其容量较大，且受高压击穿后具有自恢复能力，广泛应用于自动化仪表、自动控制装置及各种家用电器中，不适于高频电路中。

❸ 瓷介电容器

图2-5 典型瓷介电容器的实物外形

图2-5为典型瓷介电容器的实物外形。瓷介电容器是以陶瓷材料作为介质，在其外层常涂以各种颜色的保护漆，并在陶瓷片上覆银制成电极。

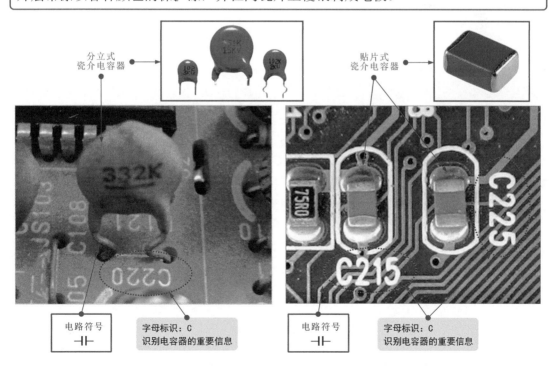

瓷介电容器按制作材料不同分为Ⅰ类和Ⅱ类瓷介电容器。Ⅰ类瓷介电容器高频性能好，广泛用于高频耦合、旁路、隔直流、振荡等电路中；Ⅱ类瓷介电容器性能较差、受温度的影响较大，一般适用于低压、直流和低频电路。

❹ 云母电容器

图2-6 典型云母电容器的实物外形

图2-6为典型云母电容器的实物外形。云母电容器是以云母作为介质的电容器，它通常以金属箔为电极。

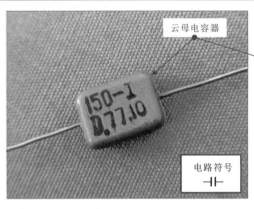
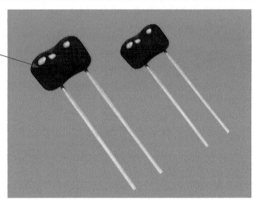

云母电容器的电容量较小，只有几皮法（pF）至几千皮法，具有可靠性高、频率特性好等特点，适用于高频电路。

❺ 涤纶电容器

图2-7 典型涤纶电容器的实物外形

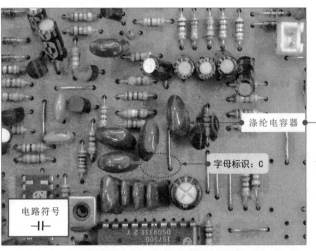
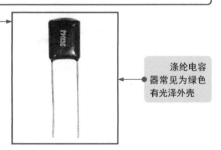

图2-7为典型涤纶电容器的实物外形。涤纶电容器是一种采用涤纶薄膜为介质的电容器，又可称为聚酯电容器。

涤纶电容器的成本较低，耐热、耐压和耐潮湿的性能都很好，但稳定性较差，适用于稳定性要求不高的电路中，如彩色电视机或收音机的耦合、隔直流等电路中。

❻ 玻璃釉电容器

图2-8 典型玻璃釉电容器的实物外形

图2-8为典型玻璃釉电容器的实物外形。玻璃釉电容器使用的介质一般是玻璃釉粉压制的薄片，通过调整釉粉的比例，可以得到不同性能的玻璃釉电容器。

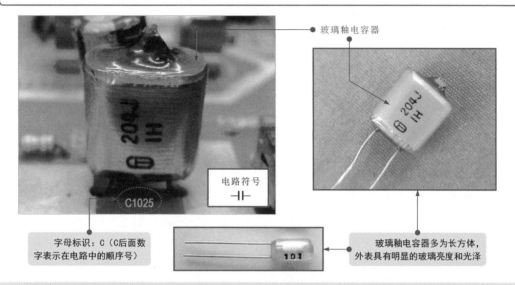

玻璃釉电容器

电路符号 ⊣⊢

字母标识：C（C后面数字表示在电路中的顺序号）

玻璃釉电容器多为长方体，外表具有明显的玻璃亮度和光泽

玻璃釉电容器的电容量一般为10～3300pF，耐压值有40V和100V两种，具有介电系数大、耐高温、抗潮湿性强、损耗低等特点。介电系数又称介质系数（常数），或称电容率，表示绝缘能力的一个系数，以字母ε表示，单位为"法/米"。

❼ 聚苯乙烯电容器

图2-9 典型聚苯乙烯电容器的实物外形

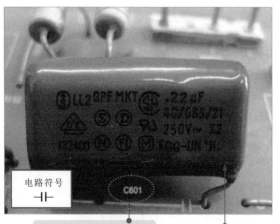

电路符号 ⊣⊢

字母标识：C（C后面数字表示在电路中的顺序号）

聚苯乙烯电容器

图2-9为典型聚苯乙烯电容器的实物外形。聚苯乙烯电容器是以非极性的聚苯乙烯薄膜为介质制成的电容器，其内部通常采用两层或三层薄膜与金属电极交叠绕制。

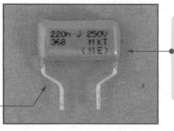

聚苯乙烯电容器外形多为长方体或正方体，其外表有明显的光泽和标识，表层镀有漆膜

聚苯乙烯电容器成本低、损耗小、绝缘电阻高、电容量稳定，多用于对电容量要求精确的电路中。

❽ 铝电解电容器

图2-10 典型铝电解电容器的实物外形

如图2-10所示，铝电解电容器是一种以铝作为介电材料的一类有极性电容器，根据介电材料状态不同，分为普通铝电解电容器（液态铝质电解电容器）和固态铝电解电容器（简称固态电容器）两种，是目前电子电路中应用最广泛的电容器。

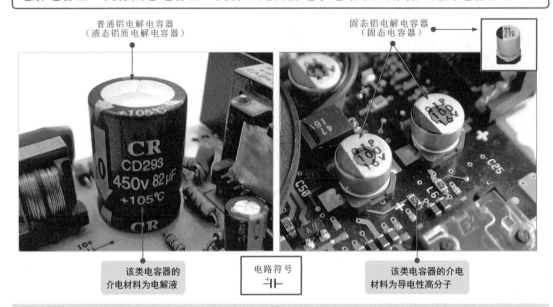

普通铝电解电容器
（液态铝质电解电容器）

固态铝电解电容器
（固态电容器）

该类电容器的
介电材料为电解液

电路符号

该类电容器的介电
材料为导电性高分子

铝电解电容器的电容量较大，与无极性电容器相比，绝缘电阻低、漏电流大、频率特性差，容量和损耗会随周围环境和时间的变化而变化，特别是当温度过低或过高的情况下，长时间不用还会失效。因此，铝电解电容器多用于低频、低压电路中。

图2-11 几种具有不同外形特点的铝电解电容器

焊针形铝电解电容器

螺栓形铝电解电容器

轴向铝电解电容器

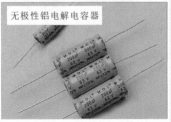
无极性铝电解电容器

如图2-11所示，铝电解电容规格多种多样，外形也根据制作工艺有所不同。

需要注意的是，并不是所有的铝电解电容都是有极性的，还有一种很特殊的无极性电解电容，这种电容器材料、外形与普通铝电解电容形似，只是其引脚不区分极性（如左侧第4张图片所示），这种电容器实际上就是将两个同样的电解电容背靠背封装在一起。这种电容损耗大、可靠性低、耐压低，只能用于少数要求不高的场合。

⑨ 钽电解电容器

图2-12 典型钽电解电容器的实物外形

图2-12为钽电解电容器的实物外形。钽电解电容器是采用金属钽作为正极材料制成的电容器，主要有固体钽电解电容器和液体钽电解电容器两种，其中，固体钽电解电容器根据安装形式不同，又分为分立式钽电解电容器和贴片式钽电解电容器。

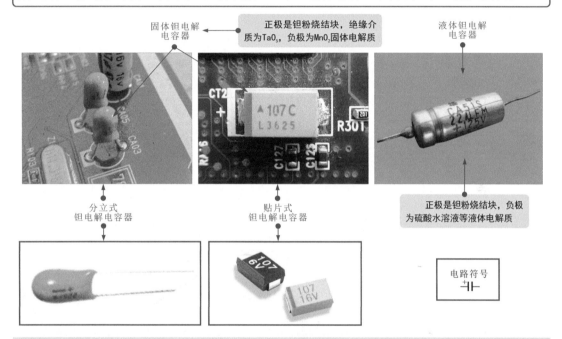

固体钽电解电容器

正极是钽粉烧结块，绝缘介质为Ta0$_5$，负极为Mn0$_2$固体电解质

液体钽电解电容器

分立式钽电解电容器

贴片式钽电解电容器

正极是钽粉烧结块，负极为硫酸水溶液等液体电解质

电路符号

钽电解电容器的温度特性、频率特性和可靠性都比铝电解电容器好，特别是它的漏电流极小、电荷储存能力好、寿命长、误差小，但价格较贵，通常用于高精密的电子电路中。

⑩ 空气可变电容器

图2-13 典型空气可变电容器的实物外形

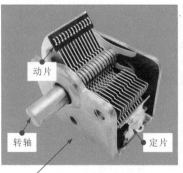
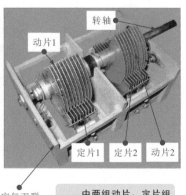

动片

转轴

定片

空气单联可变电容器

由一组动片、定片组成，动片与定片之间以空气为介质

转轴

动片1

定片1 定片2 动片2

空气双联可变电容器

由两组动片、定片组成，两组动片合装在同一转轴上，可以同轴同步旋转

如图2-13所示，空气可变电容器的电极由两组金属片组成。固定不变的一组为定片，能转动的为动片，动片与定片之间以空气作为介质。常见的空气可变电容器主要有空气单联可变电容器（空气单联）和空气双联可变电容器（空气双联）两种。

当转动空气可变电容器的动片使之全部旋进定片间时，其电容量为最大；反之，将动片全部旋出定片间时，电容量最小。

空气可变电容器多应用于收音机、电子仪器、高频信号发生器、通信设备及有关电子设备中。

⑪ 薄膜可变电容器

图2-14 典型薄膜可变电容器的实物外形

如图2-14所示，薄膜可变电容器是指一种将动片与定片（动、定片均为不规则的半圆形金属片）之间加上云母片或塑料（聚苯乙烯等材料）薄膜作为介质的可变电容器，外壳为透明塑料，具有体积小、重量轻、电容量较小、易磨损的特点。常见的薄膜可变电容器主要有单联可变电容器、双联可变电容器和四联可变电容器几种。

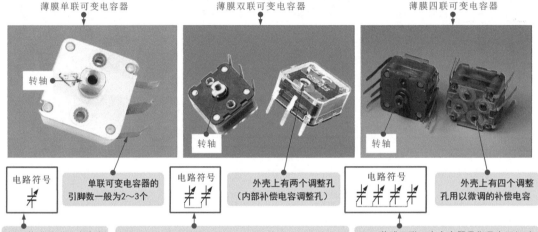

薄膜单联可变电容器 　　　　薄膜双联可变电容器 　　　　薄膜四联可变电容器

电路符号

单联可变电容器的引脚数一般为2～3个

外壳上有两个调整孔（内部补偿电容调整孔）

外壳上有四个调整孔用以微调的补偿电容

薄膜单联可变电容器是指仅具有一组动片、定片及介质的薄膜可变电容器，即内部只有一个可调电容器，多用于简易收音机或电子仪器中

薄膜双联可变电容器可以简单理解为由两个单联可变电容器组合而成，两个可变电容器都各自附带有一个用以微调的补偿电容。一般从可变电容器的背部看到。薄膜双联可变电容器具有两组动片、定片及介质，且两组动片可同轴同步旋转来改变电容量的一类薄膜可变电容器，多用于晶体管收音机和有关电子仪器、电子设备中

薄膜四联可变电容器是指具有四组动片、定片及介质，且四组动片可同轴同步旋转来改变电容量的一类薄膜可变电容器。内部有四个可变电容器，都各自附带有一个用以微调的补偿电容。一般从可变电容器的背部看到，多用于在AM/FM多波段收音机中

图2-15 双联可变电容器

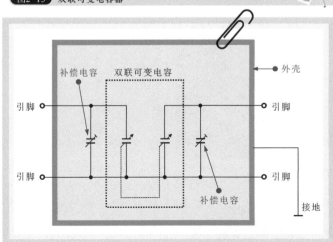

补偿电容　双联可变电容　外壳

引脚

引脚

补偿电容

引脚

引脚

接地

如图2-15所示，通常，对于单联可变电容器、双联可变电容器和四联可变电容器的识别可以通过引脚和背部补偿电容的数量来判别。以双联电容器为例。

可以看出，双联可变电容器中的两个可变电容器都各自附带有一个补偿电容，该补偿电容可以单独微调。一般从可变电容器的背部都可以补偿电容器。因此，双联可变电容器则可以看到两个补偿电容；四联可变电容器则可以看到四个补偿电容，而单联可变电容器则只有一个补偿电容。

2.1.2 电容器的功能应用

❶ 电容器的工作特性

两块金属板相对平行地放置，而不相接触就构成一个最简单的电容器。电容器具有隔直流通交流的特点。因为构成电容器的两块不相接触的平行金属板是绝缘的，直流电流不能通过电容，而交流电流则可以利用充放电原理通过电容器。

图2-16 电容器的充放电特性

图2-16为电容器的充放电原理示意图。

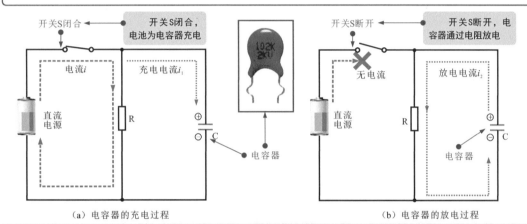

（a）电容器的充电过程　　　　　　　　（b）电容器的放电过程

　　充电过程：把电容器的两端分别接到电源的正、负极，电源的电流就会对电容器充电，电容有电荷后就产生电压，当电容所充的电压与电源的电压相等时，充电就停止。电路中就不再有电流流动，相当于开路。

　　放电过程：将接在电路中的开关S断开，则在电源断开的一瞬间，电路中便有电流流通，电流的方向与原充电时的电流方向相反。随着电流的流动，两极之间的电压也逐渐降低。直到两极上的正、负电荷完全消失，这种现象叫做"放电"。

图2-17 电容器的基本工作特性示意图

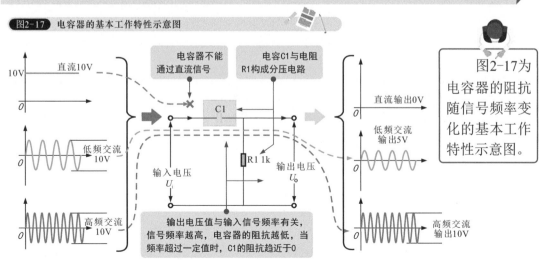

图2-17为电容器的阻抗随信号频率变化的基本工作特性示意图。

电容器对信号的阻碍作用被称为"容抗"，电容器的容抗与所通过的信号频率有关，信号频率越高，容抗越小，因此高频信号易于通过电容器，信号频率越低，电容器的容抗越高，对于直流信号电容器的容抗为无穷大，直流不能通过电容器。

电容器的两个重要特性：

· 阻止直流电流通过，允许交流电流通过；

· 在充电或放电过程中，电容器两极板上的电荷有积累过程，或者说极板上的电压有建立过程，因此电容器上的电压不能突变。

❷ 无极性电容器的功能特点

无极性电容器在电路中的主要功能是实现信号耦合，即将前级电路的交流信号耦合至后级电路。

图2-18 电容器的耦合作用

如图2-18所示，无极性电容C_1和C_2起着隔直流状态、传递变化信号（隔直传交）的作用。当信号频率足够高、耦合电容足够大时，变化的信号可以通过耦合电容C_1的充、放电过程传递过去，加到晶体管的基极，经晶体管放大后，由集电极输出的信号经输出耦合电容C_2加到负载电阻R_L上。

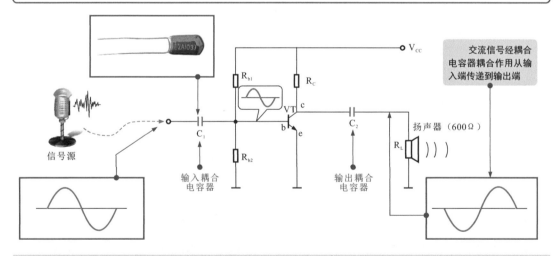

图中，电源电压V_{cc}经R_c为集电极提供直流偏压，再经R_{b1}、R_{b2}为基极提供偏压。直流偏压的功能是给晶体管提供工作条件和提供能量，使晶体管工作在线性放大状态。

此外，从该电路中可以看到，由于电容器具有隔直流的作用，因此，放大器的交流输出信号可以经耦合电容C_2送到负载R_L上，而电源的直流电压不会加到负载R_L上。也就是说从负载上得到的只是交流信号，这就是电容器的耦合作用。

❸ 有极性电容器的功能特点

有极性电容器最基本、最突出的功能是滤波功能，即滤除电路中的杂波或干扰波，因此也称这种电容器为平滑滤波电容器。

图2-19 没有平滑滤波电容器的电源电路

如图2-19所示，在电源电路中未设置有极性电容器时，交流电压变成直流电压后电压很不稳定，波动很大。

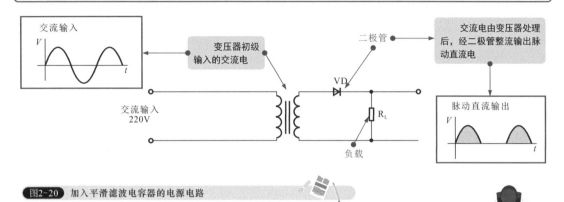

图2-20 加入平滑滤波电容器的电源电路

如图2-20所示，若在输出电路中加入有极性电容器，由于有极性电容器的充放电作用，原本不稳定、波动比较大的直流电压变得比较稳定、平滑。

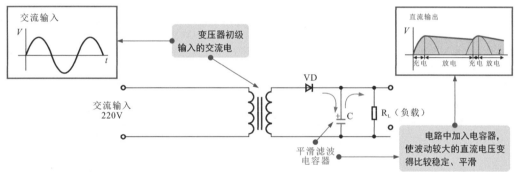

❹ 可变电容器的功能特点

图2-21 可变电容器的功能与应用

该电路为一种小功率（1W）FM调频发射电路。电路中，电容与电感构成谐振电路，其频率受输入信号的控制，微调电容器C₃，可改变发射信号的载波频率，该信号为FM调制的信号

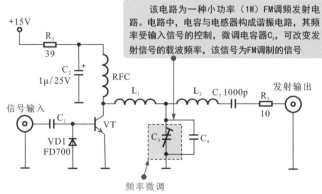

如图2-21所示，由于可变电容器电容量可调的特性，其主要应用于需要调整电容量电路中，如收音机调谐电路、选频电路等。

2.2 电容器的参数识别与选用代换

2.2.1 电容器的参数识别

识读电容器是了解电容器的重要环节，主要是根据电容器本身的一些标识信息来了解该电容器的电容量及相关参数和对电解电容器的引脚极性进行区分。

❶ 无极性电容器的参数识别

识读无极性电容器是检测电容器之前的重要环节，主要是根据无极性电容器本身的一些标识信息来了解该电容器的电容量及相关参数，为检测电容器打好基础。

目前，无极性电容器多采用直接标识、文字符号标识和色环标识三种方法。

图2-22 无极性电容器直接标识方式的标准定义

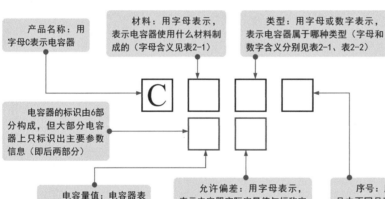

产品名称：用字母C表示电容器

材料：用字母表示，表示电容器使用什么材料制成的（字母含义见表2-1）

类型：用字母或数字表示，表示电容器属于哪种类型（字母和数字含义分别见表2-1、表2-2）

电容器的标识由6部分构成，但大部分电容器上只标识出主要参数信息（即后两部分）

电容量值：电容器表面上标识的电容值（μF）

允许偏差：用字母表示，表示电容器实际容量值与标称容量值之间允许的最大偏差范围

序号：用数字表示，表示同类产品中不同品种，以区分产品的外形尺寸和性能指标等，有时会被省略

图2-22为无极性电容器直接标识方式的标准定义。

表2-1 电容器直接标识方式中相关字母的含义

电容器直接标识信息中相关字母或数字代表的含义见表2-1、表2-2所列。

掌握这些字母对应的含义，便可顺利完成对直接标识参数信息的电容器的识别。

材料				允许偏差			
符号	意义	符号	意义	符号	意义	符号	意义
A	钽电解	N	铌电解	Y	±0.001%	J	±5%
B	聚苯乙烯等，非极性有机薄膜	O	玻璃膜	X	±0.002%	K	±10%
BB	聚丙烯	Q	漆膜	E	±0.005%	M	±20%
C	高频陶瓷	T	低频陶瓷	L	±0.01%	N	±30%
D	铝、铝电解	V	云母纸	P	±0.02%	H	+100%/-0%
E	其他材料	Y	云母	W	±0.05%	R	+100%/-10%
G	合金	Z	纸介	B	±0.1%	T	+50%/-10%
H	纸膜复合			C	±0.25%	Q	+30%/-10%
I	玻璃釉			D	±0.5%	S	+50%/-20%
J	金属化纸介			F	±1%	Z	+80%/-20%
L	聚酯等，极性有机薄膜			G	±2%		

表2-2　第三部分是数字时所代表的意义

数字	类型（标识第三部分）含义				数字	类型（标识第三部分）含义			
	瓷介电容器	云母电容器	有机电容器	电解电容器		瓷介电容器	云母电容器	有机电容器	电解电容器
1	圆片		非密封	箔式	5	穿心		穿心	
2	管型	非密封	非密封	箔式	7				无极性
3	叠片	密封	密封	烧结粉液体	8	高压	高压	高压	
4	独石	密封	密封	烧结粉液体	9			特殊	特殊

◇ 文字符号标识是指用字母或数字结合的方式标识电容器的主要参数值。其中电容量值又分为两种标识法，一种是数字和字母结合标识，省略单位F，如12 p表示12 pF，4.7 μ表示4.7 μF，2P2表示2.2 pF，6n8表示6.8 nF等。

还有一种是用3位数字和字母组合标识，其中，前两位数字为有效数字，第3位数字为倍乘数，后面的字母为允许误差，默认单位为pF。

图2-23 文字符号标识无极性电容器的识读

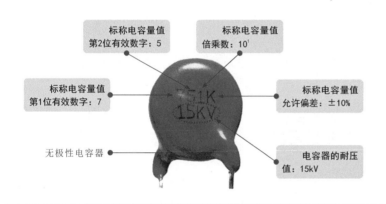

标称电容量值
第2位有效数字：5

标称电容量值
倍乘数：10^1

标称电容量值
第1位有效数字：7

标称电容量值
允许偏差：±10%

无极性电容器

电容器的耐压
值：15kV

如图2-23所示，电容器电容量标识为"751K"，它标识的电容量值为$75×10^1$pF=750 pF，允许偏差为±10%。

在采用3位数字标识电容量时，大多情况下都符合上述规律，如：

104表示电容量为$10×10^4$pF=100 000pF=100nF=0.1 μF；

223表示电容量为$22×10^3$pF=22 000pF=22nF=0.022 μF等。

需要注意的是，如果第3位数字是9时，表示倍乘数为10^{-1}pF，而不是10^9，如，339表示$33×10^{-1}$pF=3.3pF。

电容器的标称电容量是指加上电压后储存电荷的能力大小。相同电压下，储存电荷越多，则电容的电容量越大。

电容量的单位是"法"，用字母"F"表示，更多的使用"微法"（μF）、"纳法"（nF）为单位。它们之间的关系是：$1F=10^6 μF=10^9 nF=10^{12}pF$。

◇ 色环电容器因其外壳上的色环标识而得名，这些色环通过不同颜色标识电容器的参数信息。一般情况下，不同颜色的色环代表的含义不同，相同颜色的色环标识在不同位置上的含义也不同。

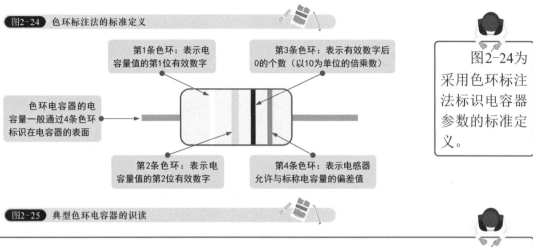

图2-24 色环标注法的标准定义

第1条色环：表示电容量值的第1位有效数字

第3条色环：表示有效数字后0的个数（以10为单位的倍乘数）

色环电容器的电容量一般通过4条色环标识在电容器的表面

第2条色环：表示电容量值的第2位有效数字

第4条色环：表示电感器允许与标称电容量的偏差值

图2-24为采用色环标注法标识电容器参数的标准定义。

图2-25 典型色环电容器的识读

如图2-25所示，采用色环标识电容器参数的识读的方法以及色环颜色的含义与电阻器相同，其参数值的默认单位为pF。色环颜色含义参照色环电阻器识读表格。

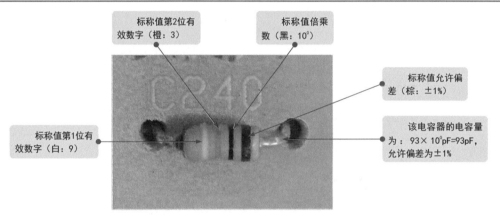

标称值第2位有效数字（橙：3）

标称值倍乘数（黑：10^0）

标称值允许偏差（棕：±1%）

标称值第1位有效数字（白：9）

该电容器的电容量为：93×10^0pF=93pF，允许偏差为±1%

❷ 有极性电容器参数的识读

有极性电容器多采用直接标注法，即将电容器的电容量、耐压值等参数直接标识在外壳上。

图2-26 有极性电容器命名标识的识读方法

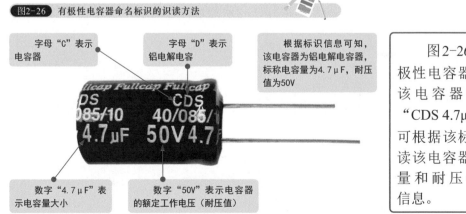

字母"C"表示电容器

字母"D"表示铝电解电容

根据标识信息可知，该电容器为铝电解电容器，标称电容量为4.7μF，耐压值为50V

数字"4.7μF"表示电容量大小

数字"50V"表示电容器的额定工作电压（耐压值）

图2-26为典型有极性电容器的标识。该电容器的标注为"CDS 4.7μF 50V"，可根据该标识直接识读该电容器标称电容量和耐压值等参数信息。

❸ 有极性电容器的引脚判别方法

　　有极性电容器由于有明确的正负极引脚之分，因此大多有极性电容器上除了标注出该电容器的相关参数外，还对引脚的极性也进行了标注。

　　识别有极性电容器的引脚极性，一般可以从三个方面入手，一种是根据外壳上的颜色或符号标识区别，另一种是根据有极性电容器引脚长短或外部明显标志区分，第三种是根据电路板符号或电路图符号进行区分。

图2-27 根据外壳上的符号标识或颜色标识识别电容器引脚极性

有"–"符号标记的一侧为电容器的负极一侧，另一侧为正极

有颜色标记的一侧为电容器的负极一侧，另一侧为正极

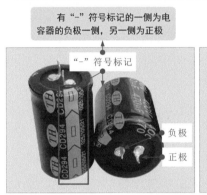
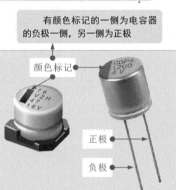

　　如图2-27所示，一些有极性电容器外壳上明显标注有负极性引脚标识，如"–"符号或黑色标记，通常带有这些标识的一端为有极性电容器的负极性引脚。

图2-28 根据电容器引脚长短或外部明显标志区分电容器引脚极性

　　如图2-28所示，有极性电容器未进行安装之前，两只引脚长度并不一致，其中引脚较长的为正极性引脚，相对较短的一侧为负极性引脚。也有些有极性电容器在正极性引脚附近会有明显缺口，根据该类特征区别电容器的引脚极性十分简单。

根据引脚长短特征识别有极性电容器引脚极性

根据缺口标记识别有极性电容器引脚极性

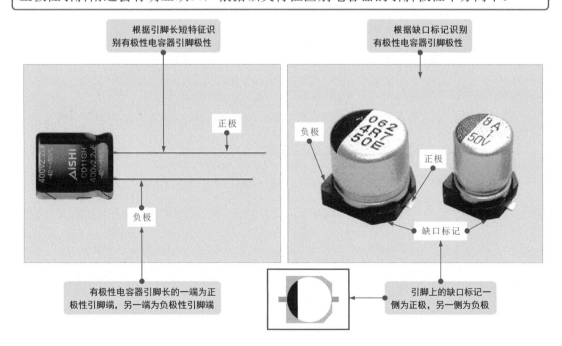

有极性电容器引脚长的一端为正极性引脚端，另一端为负极性引脚端

引脚上的缺口标记一侧为正极，另一侧为负极

图2-29 根据电路板上的极性符号或电路符号区分电容器引脚极性

正极标识　　　　　　　负极标识

根据电路板上电容器附近的引脚极性符号标识信息识别有极性电容器的引脚极性

正极　　　　　　　　负极

电容器的电路符号

根据电路板上电容器的电路符号识别有极性电容器的引脚极性

如图2-29所示，安装在电路板上的有极性电容器，在其附近通常会印有极性符号或电路符号，根据该符号标识也很容易区分出电容器的引脚极性。

　　电容器的主要参数通常有标称容量（电容量）、允许偏差、额定工作电压、绝缘电阻、温度系数及频率特性等。

　　◆ 标称容量　标称容量是指加上电压后储存电荷能力的大小。在相同电压下，储存电荷越多，则电容器的电容量越大。

　　◆ 允许偏差　电容器的实际容量与标称容量存在一定偏差，电容器的标称容量与实际容量的允许最大偏差范围称为电容量的允许偏差。电容器的允许偏差可以分为3个等级：Ⅰ级，即偏差±5%以下的电容器；Ⅱ级，即偏差±5%～±10%的电容器；Ⅲ级，即偏差±20%以上的电容器。

　　◆ 额定电压　额定电压指电容器在规定的温度范围内，能够连续可靠工作的最高电压，有时又分为额定直流工作电压和额定交流工作电压（有效值）。额定电压是一个参考数值，在实际使用中，如果工作电压大于电容器的额定电压，电容器就易损坏，呈被击穿状态。

　　◆ 绝缘电阻　电容器的绝缘电阻等于加在电容器两端的电压与通过电容器的漏电流的比值。电容器的绝缘电阻与电容器的介质材料和面积、引线的材料和长短、制造工艺、温度和湿度等因素有关。对于同一种介质的电容器，电容量越大，绝缘电阻越小。如果是电解电容器，则常通过介电系数来表现电容器的绝缘能力特性。

　　◆温度系数　温度系数是指在一定温度范围内，温度每变化1℃电容量的相对变化值。电容器的温度系数用字母$α_c$表示，主要与电容器的结构和介质材料的温度特性等因素有关。

　　温度系数有正、负之分，正温度系数表明电容量随温度升高而增大；负温度系数则是随温度升高电容量下降。在使用中，无论是正温度系数还是负温度系数，都是越小越好。

　　◆损耗角正切　电容器损耗角正切tanδ用来表示电容器能量损耗的大小，它分为介质损耗和金属损耗两部分。

　　◆频率特性　频率特性是指电容器在交流电路或高频电路的工作状态下，其电容量等参数随电场频率的变化而变化的性质。

　　当两个电容串联时，它与电阻的串联计算相反，即电容串联时，总电容的倒数等于两个电容倒数之和。多个电容串联的总电容的倒数等于各电容的倒数之和，即：

$$C=\frac{C_1 C_2}{C_1+C_2} \qquad \frac{1}{C}=\frac{1}{C_1}+\frac{1}{C_2}+\frac{1}{C_3}$$

　　将多个电容器的串联由于分压作用可以使单个电容承受的电压降低，由串联电路的总电压公式为：

$$U=U_1+U_2+U_3=\frac{q}{C_1}+\frac{q}{C_2}+\frac{q}{C_3}=q\left(\frac{1}{C_1}+\frac{1}{C_2}+\frac{1}{C_3}\right)$$

　　由此可知，若单个电容器的耐压值低于工作电压时，可将几个电容器串联，以降低电容器所承受的电压。

2.2.2 电容器的选用代换

在常用电子元器件中，电容器属于种类及规格特性最复杂的元件，尤其为了配合不同电路及工作状态的要求差异，即使是相同电容量值及额定电压值的电容器，也有多种不同种类及材料特质的选择。

❶ 普通无极性电容器的选用代换

图2-30 普通无极性电容器的选用代换案例

若无法找到同型号电容器代换时，应注意选用电容器的标称容量值要与所需电容器容量容差越小越好，并且普通电容器的电压值应符合代换电容器的要求。所选用电容器的额定电压应是实际工作电压的1.2～1.3倍

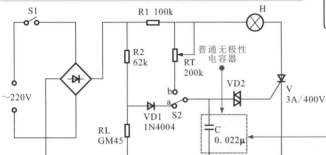

如图2-30所示，在选用代换普通无极性电容器时，尽可能选用同型号的电容器替换。

在自动调光台灯电路中，C为涤纶电容器，它的电容量为0.022μ。在代换时要选用电容量相等的普通电容器替换

普通无极性电容器选用和代换时，还应注意的是电容器在电路中实际要承受的电压不能超过它的耐压值，优先选用绝缘电阻大、介质损耗小、漏电流小的电容器。在低频的耦合及去耦合电路中，按计算值选用稍大一些容量的电容器。还要根据不同的工作环境进行选用：如高温环境下工作的电容器应选用具有耐高温特性的电容器；潮湿环境中的电容器应选用抗湿性好的密封电容器、低温条件下，应选用耐寒的电容器；选用电容器的体积、形状及引脚尺寸应符合电路设计要求。

❷ 电解电容器的选用代换

图2-31 电解电容器的选用代换案例

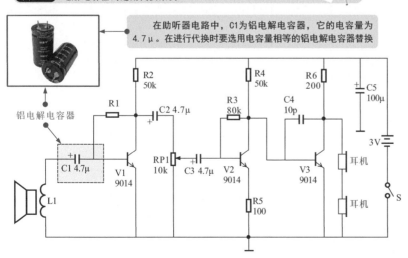

在助听器电路中，C1为铝电解电容器，它的电容量为4.7μ。在进行代换时要选用电容量相等的铝电解电容器替换

铝电解电容器

如图2-31所示，在选用与代换电解电容器时，尽可能选用同型号的电容器替换，若无法找到同型号电解电容器代换时，注意所选用电解电容器的电容量和电压值与应原滤波电容器保持一致。

电解电容器的代换除以上几点外，还应注意尽量选用耐高温电解电容器；在一些滤波网络中，电解电容器的容量也要求非常准确，其误差应小于±0.3%～±0.5%。分频电路、S校正电路、振荡回路及延时回路中电容量应和计算要求的尽量一致，尽量选用耐高温电解电容器。

❸ 可变电容器的选用代换

图2-32 可变电容器的选用代换案例

如图2-32所示，在选用和代换可变电容器时，尽可能选用同型号的电容器替换，若无法找到同型号电容器代换时，应注意选用电容器的标称容量值要与所需电容器容量容差越小越好，并且微调电容的电压值应符合代换电容器的要求。

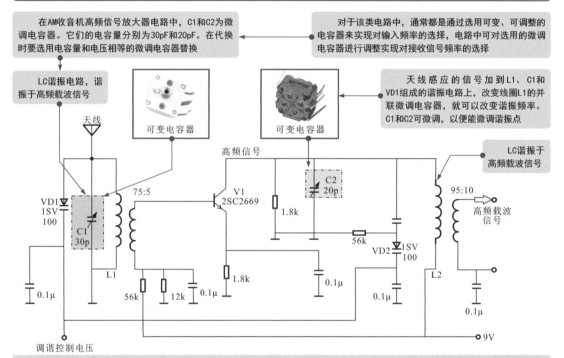

可变电容器的代换原则除以上几点外，还应注意选用时应注意可变电容器的介质材料。所选用电容器的额定电压应是实际工作电压的1.2～1.3倍；优先选用绝缘电阻大、介质损耗小、漏电流小的电容器；应根据不同的工作环境进行选用：如高温环境下工作的电容器应选用具有耐高温特性的电容器；潮湿环境中的电容器应选用抗湿性好的密封电容器、低温条件下应选用耐寒的电容器；选用电容器的体积、形状及引脚尺寸应符合电路设计要求。

电容器的代换原则就是指在代换之前，要保证代换电容器规格符合要求，在代换过程中，注意安全可靠，防止二次故障，力求代换后的电容器能够良好、长久、稳定地工作。

由于电容器的形态各异，安装方式也不相同，因此在对电容器进行代换时一定要注意方法。要根据电路特点以及电容器自身特性来选择正确、稳妥的代换方法。通常，电容器都是采用焊装的形式固定在电路板上，从焊装的形式上看，主要可以分为插接焊装和表面贴装两种形式。

图2-33 采用插接焊装的电容器

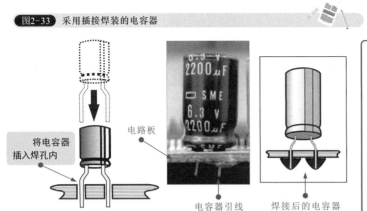

将电容器插入焊孔内

电路板

电容器引线

焊接后的电容器

如图2-33所示，对于插接焊装的电容器，其引脚通常会穿过电路板，在电路板的另一面（背面）进行焊接固定。这种方式也是应用最广的一种安装方式，在对这类电容器进行代换时，通常使用普通电烙铁即可。

吸锡器

镊子

电烙铁

焊锡丝

电烙铁

图2-34 表面贴装电容器的拆卸和焊接方法

如图2-34所示，表面贴装的电容器体积普遍较小，在拆卸和焊接时，最好使用热风焊枪，通常使用镊子来实现对电容器的抓取、固定或挪动等操作。

使用镊子将电容器取下

用热风焊枪加热贴片式电容器的引脚焊点

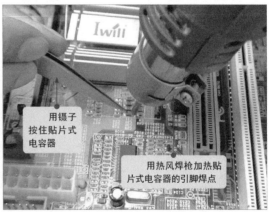

用镊子按住贴片式电容器

用热风焊枪加热贴片式电容器的引脚焊点

　　在代换电容器操作中，不仅要确保人身的安全，同时也要保证设备（或线路）不要因拆装元件而造成二次损坏，因此，安全拆卸和安全焊装非常重要。

　　在进行拆卸之前，应首先确保操作环境的干燥、整洁，操作者应对自身进行放电，以免静电击穿电路板上的元器件，放电后即可使用拆焊工具对电路板上的电容器进行拆焊操作。

　　拆卸时，应确认电容器针脚处的焊锡彻底清除，切不可硬拔。拆下后，用酒精对焊孔或焊点进行清洁，为更换安装新的电容器做好准备。

　　在焊装电容器时，要保证焊点整齐，漂亮，不能有连焊、虚焊等现象，以免造成电路功能失常。

2.3 电容器的检测方法

2.3.1 无极性电容器电容量的粗略检测方法

检测无极性电容器的性能，通常可以使用数字万用表粗略测量无极性电容器的电容量，然后将实测结果与无极性电容器的标称电容量相比较，即可判断待测无极性电容器的性能状态。

❶ 识别待测无极性电容器标识并调整万用表量程

图2-35 识别待测无极性电容器标识并调整万用表量程

待测电容器

识读待测电容器的标称电容量：220nF

根据待测电容器的标称电容量，将万用表的量程调整至"2μF"电容测量挡

如图2-35所示，以聚苯乙烯电容器为例，识读待测聚苯乙烯电容器的标称电容量，并根据识读数值设定数字万用表的测量挡位。

❷ 典型无极性电容器的检测方法

图2-36 典型无极性电容器的检测方法

如图2-36所示，连接数字万用表的附加测试器，并将待测电容器插入到附加测试器中的电容测量插孔中进行检测。

② 将待测电容器插接到万用表附加测试器电容插孔中

③ 观察万用表表盘读出实测数值为0.231μF=231nF

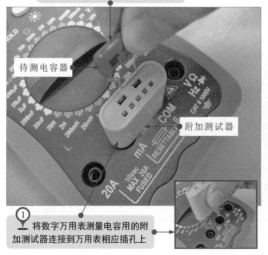

待测电容器

附加测试器

① 将数字万用表测量电容用的附加测试器连接到万用表相应插孔上

实测该电容器的电容量231nF，与其标称容量值基本相符，表明其性能良好

2.3.2 无极性电容器电容量的精确检测方法

一些电路设计、调整或测试环节，需要准确了解无极性电容器的具体电容量，用万用表无法测量时，应使用专用的电容测量仪对无极性电容器的电容进行检测。

❶ 识读待测无极性电容器的标识

图2-37 典型无极性电容器标识信息的识读

如图2-37所示，以瓷介电容器为例，首先，通过待测瓷介电容器的标称电容量进行识读，并根据识读数值初步设定电容测量仪相关测量挡位信息。

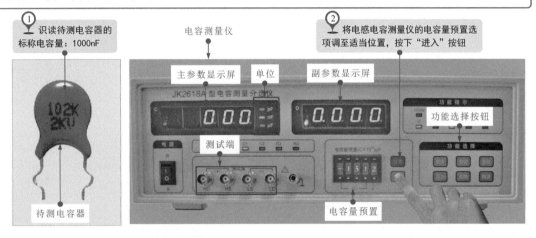

① 识读待测电容器的标称电容量：1000nF

电容测量仪

② 将电感电容测量仪的电容量预置选项调至适当位置，按下"进入"按钮

主参数显示屏　单位　副参数显示屏

功能选择按钮

测试端

电容量预置

待测电容器

❷ 无极性电容器电容量的精确测量

图2-38 无极性电容器电容量的精确测量

如图2-38所示，将电容测量仪的测量端子与待测瓷介电容器的两只引脚进行连接，开始测量并读取数值。

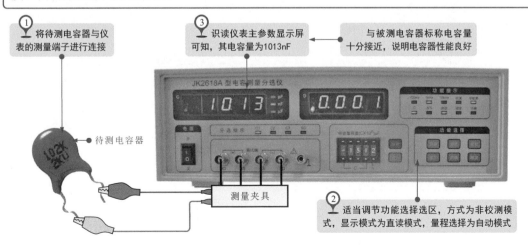

① 将待测电容器与仪表的测量端子进行连接

③ 识读仪表主参数显示屏可知，其电容量为1013nF

与被测电容器标称电容量十分接近，说明电容器性能良好

待测电容器

测量夹具

② 适当调节功能选择选区，方式为非校测模式，显示模式为直读模式，量程选择为自动模式

在检测无极性电容器时，根据电容器不同的电容量范围，可采取不同的检测方式。

·电容量小于10pF电容器的检测

由于这类电容器电容量太小，万用表进行检测时，只能大致检测其是否存在漏电、内部短路或击穿现象。检测时，可用万用表的"×10k"欧姆挡，检测其阻值，正常情况下应为无穷大。若检测阻值为零，则说明所测电容器漏电损坏或内部击穿。

·电容量为10pF～0.01μF电容器的检测

这类电容器可在连接晶体管放大元件的基础上，检测其充放电现象，即将电容器的充放电过程予以放大，然后再用万用表的"×1k"欧姆挡检测，正常情况下，万用表指针应有明显摆动，说明其充放电性能正常。

·电容量0.01μF以上电容器的检测

检测该类电容器，可直接用万用表的"×10k"欧姆挡检测电容器有无充放电过程，以及内部有无短路或漏电现象。

2.3.3　有极性电解电容器漏电电阻的检测方法

使用指针万用表检测有极性电解电容器，主要是使用指针万用表的欧姆挡（电阻挡）检测电容器的阻值（即漏电电阻），根据测量过程中指针的摆动状态大致判断待测有极性电容器的性能状态。

❶ 有极性电解电容器检测前的准备工作

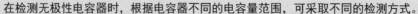

图2-39　有极性电解电容器检测前的准备工作

如图2-39所示，首先确定待测有极性电解电容器的引脚极性，并根据电容量、耐压值等标识信息判断该电容器是否为大容量电容器，若属于大容量电容器需要进行放电操作。

根据待测铝电解电容器上的标识信息，区分其正负极引脚

正极　　负极

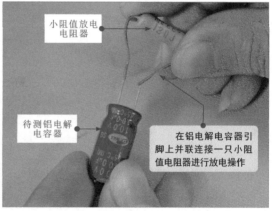

小阻值放电电阻器

待测铝电解电容器

在铝电解电容器引脚上并联连接一只小阻值电阻器进行放电操作

❷ 有极性电解电容器漏电电阻的检测方法

将万用表调至"×10k"欧姆挡，将万用表的两只表笔分别搭在待测有极性电解电容器的正负极上，分别检测其正反向漏电电阻。

图2-40 有极性电解电容器漏电电阻的检测方法

图2-40为有极性电解电容器漏电电阻的检测方法。

① 将万用表的黑表笔搭在待测有极性电解电容器的正极引脚上，红表笔搭在负极引脚上，检测器正向漏电电阻

② 检测时，万用表挡位旋钮设置在"×10k"欧姆挡

③ 在正常情况下，万用表指针应有明显的摆动情况，最后停止在某一个固定值上

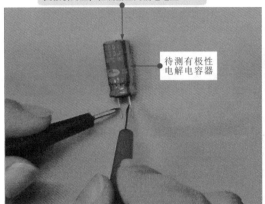

待测有极性电解电容器

④ 调换表笔检测有极性电解电容器的反向漏电电阻

⑤ 在正常情况下，有极性电解电容器的反向漏电电阻也应为一个固定值

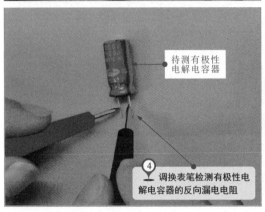 

待测有极性电解电容器

在正常情况下，在刚接通的瞬间，万用表的指针会向右（电阻小的方向）摆动一个较大的角度。当表针摆动到最大角度后，接着表针又会逐渐向左摆回，直至表针停止在一个固定位置（一般为几百千欧），这说明该电解电容有明显的充放电过程，所测得的阻值即为该电解电容的正向漏电阻值，正向漏电电阻越大，说明电容器的性能越好，漏电流也越小。

反向漏电电阻一般小于正向漏电电阻。若测得的电解电容器正反向漏电电阻值很小（几百千欧以下），则表明电解电容器的性能不良，不能使用。

若指针不摆动或摆动到电阻为零的位置后不返回，以及刚开始摆动时摆动到一定的位置后不返回，均表示电解电容器性能不良。

一般在检测大容量电解电容器时，才需放电操作。这是因为大容量电解电容器在工作中可能会有很多电荷，如短路会产生很强的电流，为防止损坏万用表或引发电击事故，应先用电阻对其放电。

通常情况下，电解电容器工作电压在200V以上，即使电容量比较小也需要进行放电，例如60μF/200V的电容器；若工作电压较低，但其电容量高于300μF的电容器也属于大容量电解电容器，例如300μF/50V的电容器。实际应用中常见的大容量电容器1000μF/50V、60μF/400V、300μF/50V、60μF/200V 等均为大容量电解电容。

图2-41 有极性电解电容器漏电电阻的检测

如图2-41所示，通常，对有极性电容器漏电电阻进行检测时，会遇到各种情况，通过对不同的检测结果的分析可以大致判断有极性电容器的损坏原因。

使用万用表检测时，若表笔接触到电解电容器的引脚后，表针摆动到一个角度后随即向回稍微摆动一点，即未摆回到较大的阻值，此时可以说明该电解电容器漏电严重

若万用表的表笔接触到电解电容器的引脚后，表针即向右摆动，并无回摆现象，指针指示一个很小的阻值或阻值趋于零欧姆，则说明当前所测电解电容器已被击穿短路

若万用表的表笔接触到电解电容器的引脚后，表针并未摆动，仍指示阻值很大或趋于无穷大，则说明该电解电容器中的电解质已干涸，失去电容量

关于电容器的漏电电流：

当电容器加上直流电压时，由于电容介质不是完全的绝缘体，因此电容器就会有漏电流产生，若漏电流过大，电容器就会发热烧坏。通常，电解电容器的漏电流会比其他类型电容器大，因此常用漏电流表示电解电容器的绝缘性能。

关于电容器的漏电电阻：

由于电容两极之间的介质不是绝对的绝缘体，它的电阻不是无限大，而是一个有限的数值，一般很精确，如534kΩ、652kΩ电容两极之间的电阻叫做绝缘电阻，也叫做漏电电阻，大小是额定工作电压下的直流电压与通过电容的漏电流的比值。漏电电阻越小，漏电越严重。电容漏电会引起能量损耗，这种损耗不仅影响电容的寿命，而且会影响电路的工作。因此，电容器的漏电电阻越大越好。

2.3.4 有极性电解电容器电容量的检测方法

❶ 识读待测有极性电解电容器标识并设定万用表挡位

图2-42 有极性电解电容器电容量检测前的准备

根据待测钽电解电容器上的标识信息，识读其电容量为：10×10⁷pF=100μF

根据待测钽电解电容器的标称电容量值选择万用表挡位为"200μF"电容量测量挡位

待测钽电解电容器

如图2-42所示，以钽电解电容器为例，检测前，首先识读待测钽电解电容器的标称电容量，并根据标称电容量选择或设定数字万用表的测量挡位。

❷ 有极性电解电容器电容量的检测方法

图2-43 有极性电解电容器电容量的检测方法

① 将万用表的红黑表笔测试线插接在电容量测量插孔，并将两支表笔分别搭在待测钽电解电容器两引脚端

② 实测钽电解电容器的容量值约为99.7μF，与标称值接近，说明该电容器性能良好

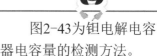

图2-43为钽电解电容器电容量的检测方法。

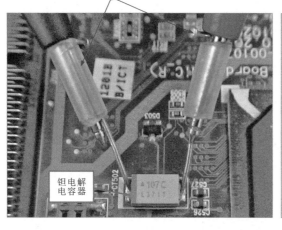

钽电解电容器

图2-44 数字万用表与附加测试器检测电解电容器的电容量

如图2-44所示，测量有极性电解电容器的电容量，一般借助数字万用表和附加测试器进行检测，根据数字万用表显示屏显示结果判断有极性电解电容器的好坏。

使用数字万用表的附加测试器检测电解电容器时，一定要注意电解电容器两引脚的极性，即正极性引脚要插入"正极性"插孔中，负极性引脚要对应插入到"负极性"插孔中，不可插反。

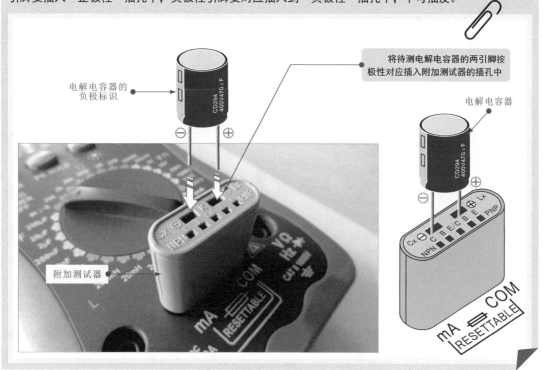

电解电容器的负极标识

将待测电解电容器的两引脚按极性对应插入附加测试器的插孔中

电解电容器

附加测试器

2.3.5 可变电容器的检测方法

检测可变电容器一般采用万用表检测其动片与定片之间阻值的方法判断性能状态。不同类型可变电容器的检测方法基本相同，下面以薄膜单联可变电容器为例进行检测训练。

❶ 待测可变电容器引脚识别和万用表量程设定

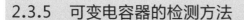
图2-45　可变电容器检测前的准备工作

明确待测薄膜单联可变电容器的定片与动片引脚

调整万用表挡位旋钮为"×10k"欧姆挡，并进行欧姆调零操作

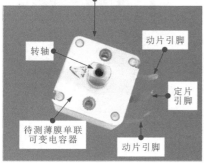

转轴

动片引脚

定片引脚

待测薄膜单联可变电容器

动片引脚

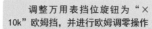

如图2-45所示，检测前，明确待测可变电容器的定片与动片引脚，将万用表置于"×10 k"欧姆挡，为检测操作做好准备。

❷ 可变电容器的检测方法

图2-46　可变电容器的检测方法

如图2-46所示，将万用表的表笔搭可变电容器的动片和定片引脚上，旋动薄膜单联可变电容器的转轴，通过万用表指示状态判断该电容器的性能。

② 旋动薄膜单联可变电容器的转轴，可来回旋转几个周期

③ 在正常情况下，薄膜单联可变电容器定片与动片之间的阻值应一直处于无穷大状态

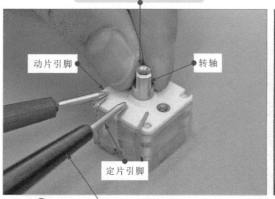

动片引脚

转轴

定片引脚

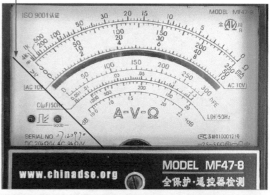

① 万用表的红黑表笔分别搭在薄膜单联可变电容器的动片和定片引脚上

在旋动转轴的过程中，如果指针有时指向零情况，则说明动片和定片之间存在短路点；如果碰到某一角度，万用表读数不为无穷大而是出现一定阻值，说明薄膜单联可变电容器动片与定片之间存在漏电现象

第3章
电感器的识别、检测与应用

3.1 电感器的种类特点与功能应用

3.1.1 电感器的种类特点

电感器也称"电感元件"，它属于一种储能元件，可以把电能转换成磁能并储存起来。用导线绕制成线圈就是一个电感器。在电路中，用字母"L"表示，当电流流过导体时，会产生电磁场，电磁场的大小与电流的大小成正比。

图3-1 常见电感器的实物外形

如图3-1所示，电感器的应用十分广泛，实际上，电感器的种类繁多，分类方式也多种多样，其中比较常见的电感器主要有：色环电感器、色码电感器、电感线圈、贴片电感器和微调电感器几种。

色环　　　　　　　　色码　　　　　　　　　　　标识　　　　　　条形槽口（调节用）

引脚　　　101

色环电感器　　　　　色码电感器　　　　　贴片电感器　　　　微调电感器

空心线圈　　　　　　　磁环线圈　　　　　　　　磁棒线圈

电感线圈

电感器的种类很多，通常，按照电感量是否可变，主要可分为固定电感器和可调电感器两大类；

按照外形特征电感器可分为空心电感器（即空心线圈）、磁芯电感器（即线圈绕在磁芯上）；

按照工作性质电感器可分为高频电感器（如天线线圈和振荡线圈）、低频电感器（如各种扼流圈、滤波线圈）；

按照封装形式电感器可分为普通电感器（色标电感、色环电感器）、环氧树脂电感器、贴片电感器等。

① 色环电感器

图3-2 典型色环电感器的实物外形

图3-2为典型色环电感器的实物外形。色环电感器是一种具有磁芯的线圈，它是将线圈绕制在软磁性铁氧体的基体上，再用环氧树脂或塑料封装而成的，在其外壳上标以色环表明电感量的数值。

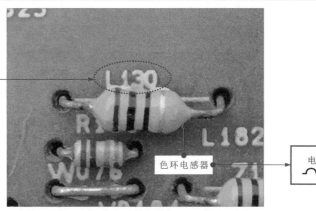

字母标识为：
L（即在电路板或电路图中的代表字母）

色环电感器

电路符号

色环电感器器属于小型电感量固定的高频电感器，工作频率一般为10kHz～200MHz，电感量一般为0.1～33000μH。

② 色码电感器

图3-3 典型色码电感器的实物外形

图3-3为典型色码电感器的实物外形。色码电感器是指通过色码标识电感器电感量参数信息的一类电感器，它与色环电感器相同，都属于小型的固定电感器，功能及特性也基本相同。

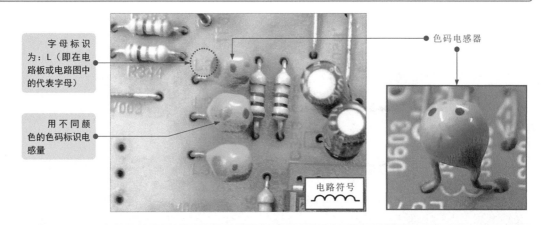

字母标识为：L（即在电路板或电路图中的代表字母）

色码电感器

用不同颜色的色码标识电感量

电路符号

通常，色码电感器体积小巧，性能比较稳定。广泛应用于彩色电视机、收录机等电子设备中的滤波、陷波、扼流及延迟线等电路中。

❸ 空心电感线圈

图3-4 典型空心电感线圈的实物外形

　　图3-4为典型空心电感线圈的实物外形。空心电感线圈没有磁芯，通常线圈绕制的匝数较少，电感量小，常用在高频电路中，如电视机的高频调谐器。

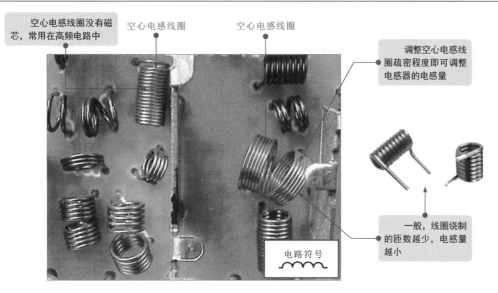

空心电感线圈没有磁芯，常用在高频电路中

空心电感线圈

空心电感线圈

调整空心电感线圈疏密程度即可调整电感器的电感量

一般，线圈绕制的匝数越少，电感量越小

电路符号

❹ 磁棒电感线圈

图3-5 典型磁棒电感线圈的实物外形

　　图3-5为典型磁棒电感线圈的实物外形。磁棒电感线圈（磁芯电感器）是一种在磁棒上绕制了线圈的电感元件。这使得线圈的电感量大大增加。可以通过线圈在磁芯上的左右移动（调整线圈间的疏密程度）来调整电感量的大小。

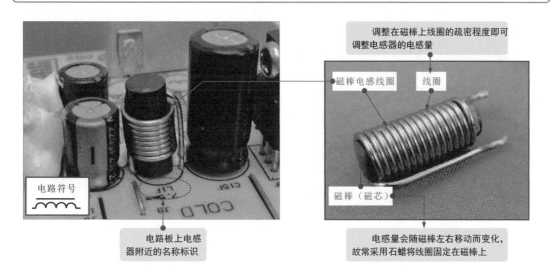

调整在磁棒上线圈的疏密程度即可调整电感器的电感量

磁棒电感线圈　　线圈

电路符号

磁棒（磁芯）

电路板上电感器附近的名称标识

电感量会随磁棒左右移动而变化，故常采用石蜡将线圈固定在磁棒上

5 磁环电感线圈

 图3-6 典型磁环电感线圈的实物外形

通常，磁环的存在大大增加了线圈电感的稳定性。磁环的大小、形状、铜线的多种绕制方法都对线圈的电感量有决定性影响

图3-6为典型磁环电感线圈的实物外形。磁环电感线圈的基本结构是在铁氧体磁环上绕制线圈。

铁氧体磁环

磁环电感线圈

线圈

磁环电感线圈的电感量与线圈的匝数有关

在铁氧体磁环上绕制线圈，可增加电感量

电感线圈通常不直接标识电感量等参数信息，但一般来说线圈绕制匝数越多、排列越紧密，表明其电感量越大。另外，电感线圈属于电感量可变的一类电感器，通过改变线圈绕制匝数和稀疏程度即可改变其电感量。

6 贴片电感器

 图3-7 典型贴片电感器的实物外形

图3-7为典型贴片电感器的实物外形。贴片电感器的功能及特性与常见的色环、色码电感器相同。该类电感器体积较小，一般应用于集成度高的数码类产品中。

黑色块状贴片电感器

圆形片状贴片电感器

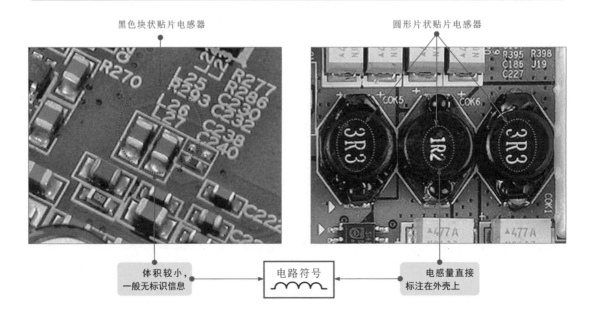

体积较小，一般无标识信息

电路符号

电感量直接标注在外壳上

❼ 微调电感器

图3-8 典型微调电感器的实物外形

图3-8为典型微调电感器的实物外形。微调电感器就是可以对电感量进行细微调整的电感器。该类电感器一般设有屏蔽外壳，磁芯上设有条形槽口以便调整。

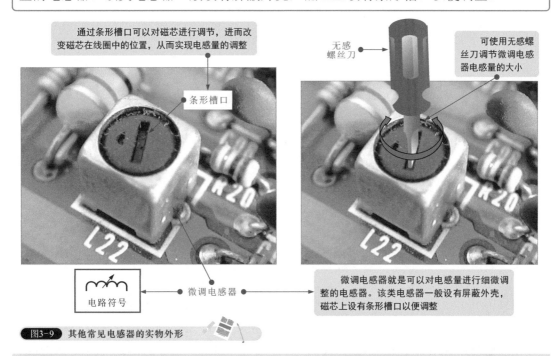

通过条形槽口可以对磁芯进行调节，进而改变磁芯在线圈中的位置，从而实现电感量的调整

条形槽口

无感螺丝刀

可使用无感螺丝刀调节微调电感器电感量的大小

电路符号

微调电感器

微调电感器就是可以对电感量进行细微调整的电感器。该类电感器一般设有屏蔽外壳，磁芯上设有条形槽口以便调整

图3-9 其他常见电感器的实物外形

如图3-9所示，由于工作频率、工作电流、屏蔽要求各不相同，电感线圈的绕组匝数、骨架材料、外形尺寸区别很大，因此，可以在电子产品的电路板上看到各种各样的电感线圈。

磁环电感

磁芯电感

3.1.2 电感器的功能应用

❶ 电感器的工作特性

图3-10 电感器的工作特性

如图3-10所示，当电流流过时，在线圈（电感）的两端就会形成较强的磁场。由于电磁感应的作用，它会对电流的变化起阻碍作用。因此，电感对直流呈现很小的电阻（近似于短路），而对交流呈现阻抗较高，其阻抗的大小与所通过的交流信号的频率有关。同一电感元件，通过的交流电流的频率越高，则呈现的阻抗越大。

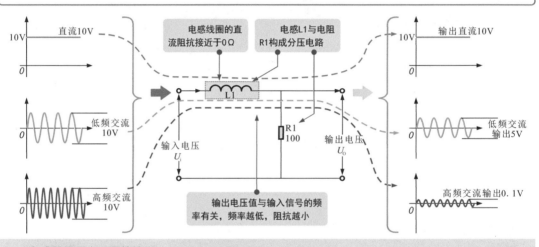

电感器的两个重要特性：

◇ 电感器对直流呈现很小的电阻（近似于短路），对交流呈现的阻抗与信号频率成正比，交流信号频率越高，电感器呈现的阻抗越大；电感器的电感量越大，对交流信号的阻抗越大。

◇ 电感器具有阻止其中电流变化的特性，所以流过电感的电流不会发生突变。

❷ 电感器的滤波功能

图3-11 电感器的滤波功能应用

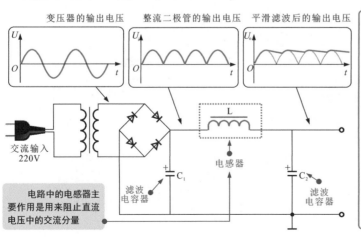

如图3-11所示，由于电感器会对脉动电流产生反电动势，阻碍电流的变化，有稳定电流的作用，对交流电流阻抗很大，但对直流阻抗很小，如果将较大的电感器串接在直流电路中，就可以使电路中的交流成分阻隔在电感上，起到滤除交流的作用。

❸ 电感器的谐振功能

图3-12 电感器谐振功能应用

> 如图3-12所示，电感器通常可与电容器并联构成LC并联谐振电路，其主要作用是用来选择一定频率的信号。

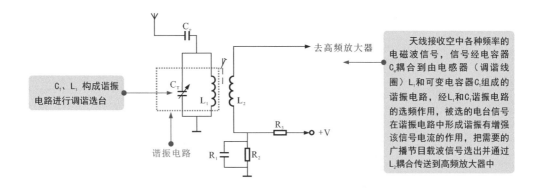

图3-13 LC并联和LC串联谐振电路

> 如图3-13所示，电感器与电容器并联能起到谐振作用，阻止谐振频率信号输入，若将电感器与电容器串联，则可构成串联谐振电路。该电路可简单理解为与LC并联电路相反。LC串联电路对谐振频率信号的阻抗几乎为0，阻抗最小，即可实现选频功能。电感器和电容器的参数值不同，可进行选择的频率也不同。

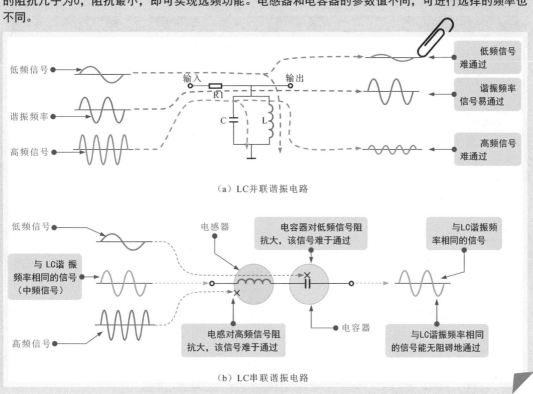

3.2 电感器的参数识别与选用代换

3.2.1 电感器的参数识别

电感器的主要参数一般标识在电感器外壳上，根据标注形式不同，主要有色环标注、色码标注和直接标注三种。

① 色环标注法的参数识别

图3-14 电感器色环标识的识别方法

第1条色环：表示电感量值的第1位有效数字

第3条色环：表示有效数字后0的个数（以10为单位的倍乘数）

第2条色环：表示电感量值的第2位有效数字

第4条色环：表示电感器允许与标称电感量的偏差值

色环电感器的电感量一般通过4条色环标识在电感器的表面

如图3-14所示，色环电感器因其外壳上的色环标识而得名，这些色环通过不同颜色标识电感器的参数信息。

色环电感器中不同颜色代表不同的有效数字和倍乘数，具体色环颜色代表含义参见表3-1所列。

表3-1　色环电感器色环颜色含义

色环颜色	色环所处的排列位			色环颜色	色环所处的排列位		
	有效数字	倍乘数	允许偏差		有效数字	倍乘数	允许偏差
银色	—	10^{-2}	±10%	绿色	5	10^5	±0.5%
金色	—	10^{-1}	±5%	蓝色	6	10^6	±0.25%
黑色	0	10^0	—	紫色	7	10^7	±0.1%
棕色	1	10^1	±1%	灰色	8	10^8	—
红色	2	10^2	±2%	白色	9	10^9	±5%
橙色	3	10^3					-20%
黄色	4	10^4		无色	—	—	—

图3-15 典型色环电感器的参数识读

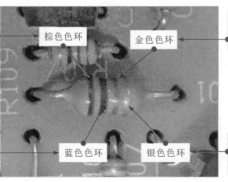

第1条色环为棕色，表示电感器称值第1位有效数字为1

棕色色环

金色色环

第3条色环为金色，表示倍乘数为10^{-1}

第2条色环为蓝色，表示电感器称值第2位有效数字为6

蓝色色环

银色色环

第4条色环为银色，表示允许偏差为±10%

如图3-15所示，该电感器的电感量为：$16×10^{-1}μH±10\%=1.6μH±10\%$（在未明确标注电感量单位时，默认为μH）。

❷ 色码标注法的参数识别

图3-16 电感器色码标识的识别方法

如图3-16所示，色码电感器外壳上通过不同颜色的色码标识电感器的参数信息。一般情况下，不同颜色的色码代表的含义不同，相同颜色的色码标识在不同位置上的含义也不同。

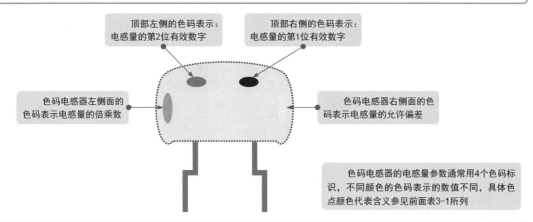

顶部左侧的色码表示：电感量的第2位有效数字

顶部右侧的色码表示：电感量的第1位有效数字

色码电感器左侧面的色码表示电感量的倍乘数

色码电感器右侧面的色码表示电感量的允许偏差

色码电感器的电感量参数通常用4个色码标识，不同颜色的色码表示的数值不同，具体色点颜色代表含义参见前面表3-1所列

一般来说，由于色码电感器从外形上没有明显的正反面区分，因此区分它的左右侧面可根据它在电路板中的文字标识进行区分，在文字标识为正方向时，对应色码电感器的左侧为其左侧面。另外，由于色码的几种颜色中，无色通常不代表有效数字和倍乘数，因此，当色码电感器左右侧面中出现无色的一侧为右侧面。

图3-17 典型色码电感器的参数识读

如图3-17所示，图中色码电感器各色点颜色与表3-1进行对照可知，该电感器的电感量为：$2×10^{-2}\mu H±1\%=0.02\mu H±1\%$。

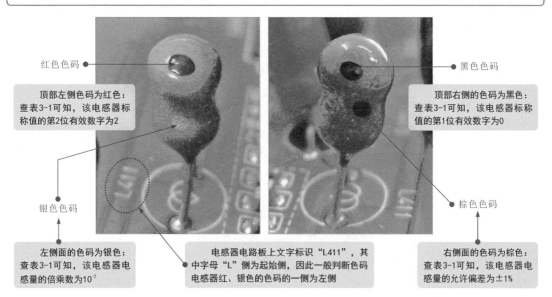

红色色码

黑色色码

顶部左侧色码为红色：查表3-1可知，该电感器标称值的第2位有效数字为2

顶部右侧的色码为黑色：查表3-1可知，该电感器标称值的第1位有效数字为0

银色色码

棕色色码

左侧面的色码为银色：查表3-1可知，该电感器电感量的倍乘数为10^{-2}

电感器电路板上文字标识"L411"，其中字母"L"侧为起始侧，因此一般判断色码电感器红、银色的色码的一侧为左侧

右侧面的色码为棕色：查表3-1可知，该电感器电感量的允许偏差为±1%

❸ 直接标注法的参数识别

直接标注是指通过一些代码符号将电感器的电感量等参数标识在电感器上。通常电感器的直标法采用的是简略方式，只标识出重要的信息。

图3-18 电感器直接标注标识的识别方法

常用字母表示，如
普通电感器用L表示

常用字母和数字混合表示，
电感器表面上标注的电感量

如图3-18所示，国内比较常见的电感器型号命名由3个部分构成。

第一部分：
产品名称

第二部分：
电感量

第三部分：
允许偏差

常用字母表示，表示电感实际电感量与标称电感量之间允许的最大偏差范围

$$ \boxed{L} \quad \square \quad \square $$

电感器直标法的标识主要是由产品名称、电感量和允许偏差构成的，其中产品名称和允许偏差用字母表示，不同字母代表的含义见表3-2所列。

表3-2 不同字母代表的含义

产品名称		允许偏差			
符号	含义	符号	含义	符号	含义
L	电感器、线圈	J	±5%	M	±20%
ZL	阻流圈	K	±10%	L	±15%

图3-19 典型直标法电感器参数的识读

如图3-19所示，典型电感器参数采用直接标识法，标识为"5L713 G"。其中"L"表示电感；"713G"表示电感量。其中英文字母"G"相当于小数点的作用，由于"G"跟在数字"713"之后，因此该电感的电感量为713 µH。

型号：5L713 G

采用直标法标注信号的电感器

　　另外，由于贴片电感器体积较小，其参数信息通常不标注或通过有效数字的标注方式直接标注。其中，采用直接标注的方式主要有全部数字标注和数字中间加字母标注两种标注方法。

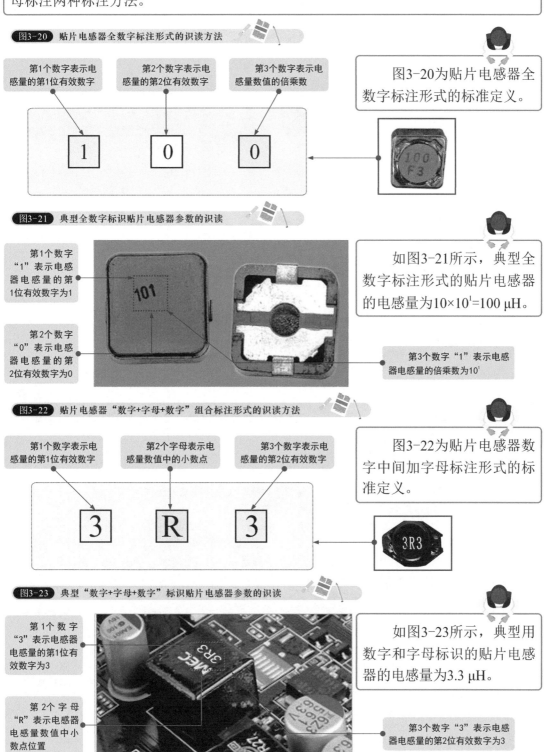

图3-20 贴片电感器全数字标注形式的识读方法

第1个数字表示电感量的第1位有效数字

第2个数字表示电感量的第2位有效数字

第3个数字表示电感量数值的倍乘数

1　0　0

图3-20为贴片电感器全数字标注形式的标准定义。

图3-21 典型全数字标识贴片电感器参数的识读

第1个数字"1"表示电感器电感量的第1位有效数字为1

第2个数字"0"表示电感器电感量的第2位有效数字为0

第3个数字"1"表示电感器电感量的倍乘数为10^1

如图3-21所示，典型全数字标注形式的贴片电感器的电感量为$10×10^1=100~\mu H$。

图3-22 贴片电感器"数字+字母+数字"组合标注形式的识读方法

第1个数字表示电感量的第1位有效数字

第2个字母表示电感量数值中的小数点

第3个数字表示电感量的第2位有效数字

3　R　3

图3-22为贴片电感器数字中间加字母标注形式的标准定义。

图3-23 典型"数字+字母+数字"标识贴片电感器参数的识读

第1个数字"3"表示电感器电感量的第1位有效数字为3

第2个字母"R"表示电感器电感量数值中小数点位置

第3个数字"3"表示电感器电感量的第2位有效数字为3

如图3-23所示，典型用数字和字母标识的贴片电感器的电感量为3.3 μH。

电感器的参数主要有电感量、允许偏差、电感量精度、线圈的品质因数、固有电容、线圈的稳定性、额定电流等。

（1）电感的单位

导线绕制成圆圈状即构成电感，绕制的圈数越多，电感量越大。电感量的单位是"亨利"，简称"亨"，用字母"H"表示，更多的使用"毫亨"（mH）、"微亨"（μH）为单位。

电感量单位之间的关系是：$1H=10^3mH=10^6\mu H$。

（2）电感的主要参数

◆ 电感量

电感是衡量线圈产生电磁感应能力的物理量。给一个线圈通入电流，线圈周围就会产生磁场，线圈就有磁通量通过。通入线圈的电流越大，磁场就越强，通过线圈的磁通量就越大。通过线圈的磁通量和通入的电流是成正比的，它们的比值叫做自感系数，也叫做电感量。电感量的大小，主要决定于线圈的直径、匝数及有无铁芯等，即：

$$L = \frac{\Phi}{I}$$

式中　L——电感量；

　　　Φ——通过线圈的磁通量；

　　　I——电流。

◆ 电感量精度

实际电感量与要求电感量间的误差，对电感量精度的要求要视用途而定。振荡线圈要求较高，为0.2%～0.5%；耦合线圈和高频扼流圈要求较低，允许10%～15%。

◆ 线圈的品质因数Q

品质因数Q用来表示线圈损耗的大小，高频线圈通常为50～300。Q值的大小，影响回路的选择性、效率、滤波特性以及频率的稳定性。线圈的品质因数Q的计算公式为：

$$Q = \frac{\omega L}{R}$$

式中　ω——工作角频率；

　　　L——线圈的电感；

　　　R——线圈的总损耗电阻。

为了提高线圈的品质因数Q，可以采用的方法如下：

○ 采用镀银铜线，以减小高频电阻；

○ 采用多股的绝缘线代替具有同样总截面的单股线，以减少集肤效应；

○ 采用介质损耗小的高频瓷为骨架，以减小介质损耗；

○ 减少线圈匝数，不同材料的磁芯虽然能增加磁芯损耗，但通过减少线圈匝数，从而减小导线直流电阻，对提高线圈Q值是非常有利的。

电感量相同的线圈，导线的直径越大，导线的股数越多，其Q值越大。电感的品质因数Q，在谐振电路中有严格的要求。电感的品质因数Q的准确值要使用专门的测试仪表，如电感电容测试仪。

◆ 固有电容

固有电容是指线圈绕组的匝与匝之间、多层绕组层与层之间存在的分布电容。为了减少线圈的固有电容，可以减少线圈骨架的直径，用细导线绕制线圈，或采用间绕法、蜂房式绕法等。

◆ 线圈的稳定性

线圈的稳定性是指线圈参数随环境条件变化而变化的程度。如线圈导线受热后膨胀，使线圈产生几何变形，从而引起电感量的变化。为了提高线圈的稳定性，可从线圈制作上采取适当措施，如采用热绕法，将绕制线圈的导线通上电流，使导线变热，然后绕制成线圈，这样导线冷却后收缩紧紧贴在骨架上，线圈不易变形，从而提高稳定性。

◆ 额定电流

电感线圈在正常工作时，允许通过的最大电流就是线圈的标称电流值，也叫额定电流。

3.2.2 电感器的选用代换

❶ 普通电感器的选用代换

图3-24 普通电感器的选用代换案例

如图3-24所示，在代换普通电感器时，应尽可能选用同型号的电感器替换。若无法找到同型号电感器代换时，应注意选用电感器的标称电感量和额定电流要与所需电感器电感量和额定电流差值越小越好，并且普通电感器的外形和尺寸应符合固定电感器的要求。

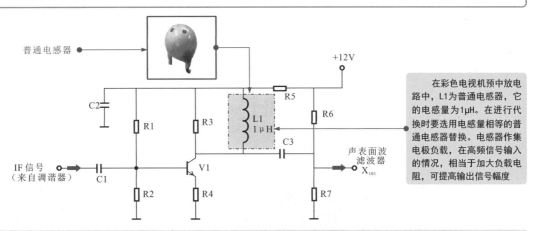

在彩色电视机预中放电路中，L1为普通电感器，它的电感量为1μH。在进行代换时要选用电感量相等的普通电感器替换。电感器作集电极负载，在高频信号输入的情况，相当于加大负载电阻，可提高输出信号幅度

除了上述代换原则外，在代换普通电感器时，还应该注意小型固定电感器与色码电感器（色环电感器）之间，只要电感量、额定电流相同，外形尺寸相近，可以直接代换使用。

❷ 可变电感器的选用代换

图3-25 可变电感器的选用代换案例

在可调振荡器电路中，L1为可变电感器。在进行代换时要选用电感量相等的可变电感器替换。图中为一种1.5～5 MHz可调振荡器电路，该电路由电感器L1与电容器C1和C4构成LC谐振电路，通过改变电感量或电容器电容量即可改变谐振频率

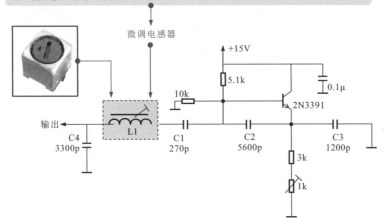

如图3-25所示，在代换可变电感器时，尽可能选用同型号的电感器替换，若无法找到同型号电感器代换时，应注意选用电感器的尺寸要与所需电感器尺寸相差值越小越好，并且可变电感器的外形应符合可变电感器的要求。

由于电感器的形态各异，安装方式也不相同，因此在对电感器进行代换时一定要注意方法。要根据电路特点以及电感器自身特性来选择正确、稳妥的焊装方法。通常，电感器都是采用焊装的形式固定在电路板上，从焊装的形式上看，主要可以分为表面贴装和插接焊装两种形式。

图3-26 插接焊装电感器的代换方法

如图3-26所示，插接焊装的电感器，引脚通常会穿过电路板，在电路板的另一面（背面）进行焊接固定，这种方式也是应用最广的一种安装方式，在对这类电感器进行代换时，通常使用普通电烙铁即可。

拆焊穿过电路板的电感器引脚

使用电烙铁加热电感器引脚焊点并用镊子将电感器取下

使用棉签对取下电感器的插孔进行清洁

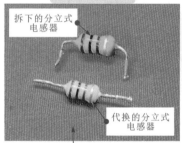

选用同型号的电感器，并根据原电感器引脚弯度，为代换电感器的引脚进行加工

将电感器的两个引脚插入电路板上原电感器两个引脚插孔内

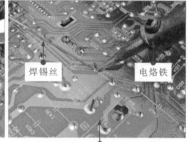

使用电烙铁将焊锡丝熔化在电感器两端的引脚上，待熔化后先抽离焊锡丝再抽离电烙铁，完成焊接

图3-27 表面贴装电感器的代换方法

用镊子夹持贴片电感器，风枪垂直对准焊点，待焊锡熔化后，用镊子取下贴片电感器

焊装新的贴片电感器时，用镊子按住贴片电感器，防止焊接时移动，用热风焊枪对准焊接部位，待焊锡熔化后移开热风焊枪，焊接完成

如图3-27所示，表面贴装的电感器，体积普遍较小，这类电感器常用在电路板上元器件密集的数码电路中。在拆卸和焊接时，最好使用热风焊枪，在加热的同时使用镊子来实现对电感器的抓取、固定或挪动等操作。

3.3 电感器的检测方法

3.3.1 色环电感器直流电阻的检测方法

在实际应用中，色环电感器通常以电感量和直流电阻等性能参数体现其电路功能，因此，检测色环电感器，一般使用万用表粗略测量其直流电阻和电感量即可。

图3-28 色环电感器直流电阻的检测方法

如图3-28所示，借助指针式万用表的电阻测量挡位检测色环电感器的直流电阻，然后根据实测结果大致判断电感器的基本性能。

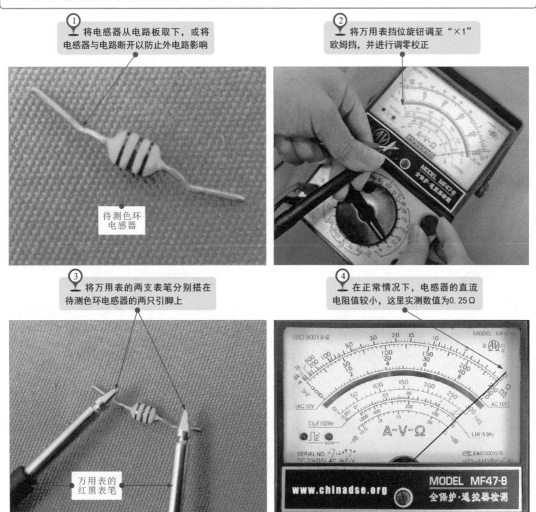

① 将电感器从电路板取下，或将电感器与电路断开以防止外电路影响

待测色环电感器

② 将万用表挡位旋钮调至"×1"欧姆挡，并进行调零校正

③ 将万用表的两支表笔分别搭在待测色环电感器的两只引脚上

万用表的红黑表笔

④ 在正常情况下，电感器的直流电阻值较小，这里实测数值为0.25Ω

一般情况下，色环电感器的直流电阻值偏小，为几欧姆左右。若实测电感器直流电阻为无穷大时，表明电感器内部线圈或引出端已断路。

3.3.2 色环电感器电感量的检测方法

图3-29 色环电感器电感量的检测方法

如图3-29所示，检测色环电感器的性能，还可以使用具有电感量测量功能的数字万用表大致测量其电感量，并将实测结果与标称值相比对，判断电感器的性能。

① 根据色环电感器的标识规则，识读待测色环电感器的标称电感量：100μH±10%

② 根据待测电感器的电感量将万用表的量程调整至"2mH"电感测量挡

③ 连接万用表的附加测试器，并将待测电感器的引脚插入附加测试器的"Lx"电感测量插孔中

④ 观察万用表显示屏读出实测数值为0.114mH=114μH

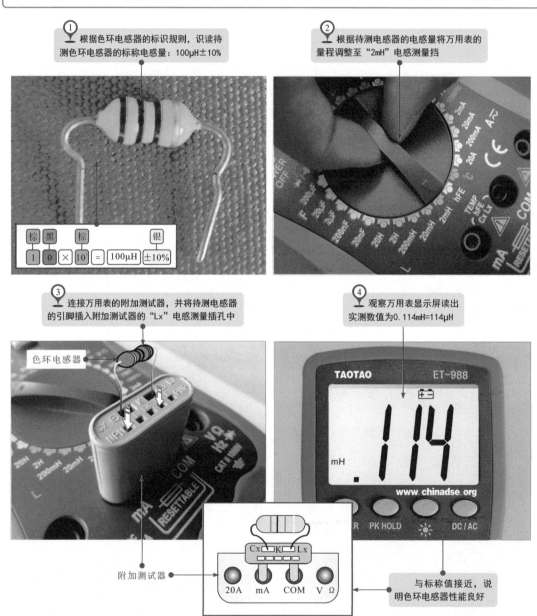

色环电感器

附加测试器

与标称值接近，说明色环电感器性能良好

在正常情况下，检测色环电感器得到的电感量为"0.114mH"，根据单位换算公式1μH=10^{-3}mH，即0.114mH×10^3=114μH，与该色环电感器的标称容量值基本相符。若测得的电感量与电感器的标称电感量相差较大，则说明电感器性能不良，可能已损坏。

3.3.3 色码电感器的检测方法

图3-30 色码电感器的检测方法

如图3-30所示，色码电感器的检测方法与色环电感器相同，通常借助万用表对其直流电阻和电感量等参数进行粗略测量即可判断性能状态。这里以典型色码电感器电感量的检测为例。

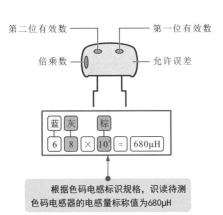

第二位有效数　　　第一位有效数
倍乘数　　　允许误差

蓝	灰		棕		
6	8	×	10^3	=	680μH

根据色码电感标识规格，识读待测色码电感器的电感量标称值为680μH

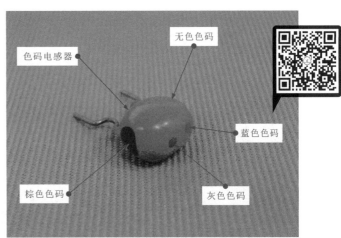

无色色码
色码电感器
蓝色色码
棕色色码　　　灰色色码

③ 连接万用表的附加测试器，并将待测电感器的引脚插入附加测试器的"Lx"电感测量插孔中

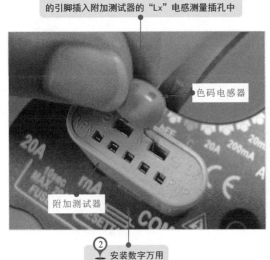

色码电感器

附加测试器

② 安装数字万用表的附加测试器

④ 观察万用表显示屏读出实测数值为0.658mH=658μH

与标称值接近，色环电感器性能良好

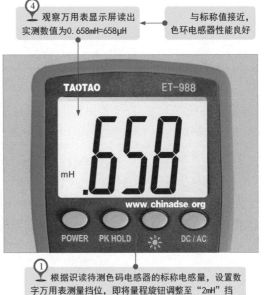

TAOTAO　　ET-988

.658 mH

www.chinadse.org

POWER　PK HOLD　🔆　DC / AC

① 根据识读待测色码电感器的标称电感量，设置数字万用表测量挡位，即将量程旋钮调整至"2mH"挡

在正常情况下，检测色码电感器的电感量为"0.658mH"，根据单位换算公式0.658mH×10^3=658μH，若与该色码电感器的标称值基本相近或相符，表明该色码电感器正常。若测得的电感量与标称值相差过大，则该电感器性能不良。

3.3.4 电感线圈电感量的检测方法

图3-31 电感线圈电感量的检测方法

如图3-31所示，由于电感线圈电感量的可调性，在一些电路设计、调整或测试环节，通常需要了解其当前精确的电感量值，需借助专用的电感电容测量仪测量。

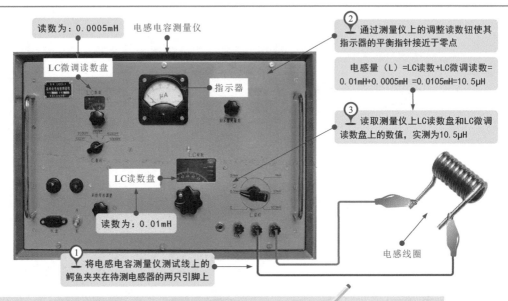

读数为：0.0005mH

LC微调读数盘

电感电容测量仪

指示器

LC读数盘

读数为：0.01mH

② 通过测量仪上的调整读数钮使其指示器的平衡指针接近于零点

电感量（L）=LC读数+LC微调读数= 0.01mH+0.0005mH =0.0105mH=10.5μH

③ 读取测量仪上LC读数盘和LC微调读数盘上的数值，实测为10.5μH

电感线圈

① 将电感电容测量仪测试线上的鳄鱼夹夹在待测电感器的两只引脚上

3.3.5 电感线圈频率特性的检测方法

图3-32 电感线圈频率特性的检测方法

如图3-32所示，使用频率特性测试仪对电感线圈与电容器构建的谐振电路（LC谐振电路）进行频率特性的检测，然后通过检测的频率特性曲线完成对电感线圈性能的测试，这种检测方式在电子产品生产调试中十分常用。

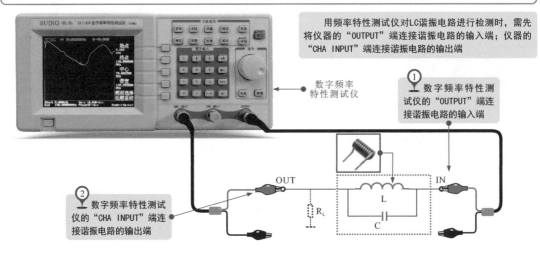

用频率特性测试仪对LC谐振电路进行检测时，需先将仪器的"OUTPUT"端连接谐振电路的输入端；仪器的"CHA INPUT"端连接谐振电路的输出端

数字频率特性测试仪

① 数字频率特性测试仪的"OUTPUT"端连接谐振电路的输入端

② 数字频率特性测试仪的"CHA INPUT"端连接谐振电路的输出端

OUT

IN

R_L

L

C

图3-32 电感线圈频率特性的检测方法（续）

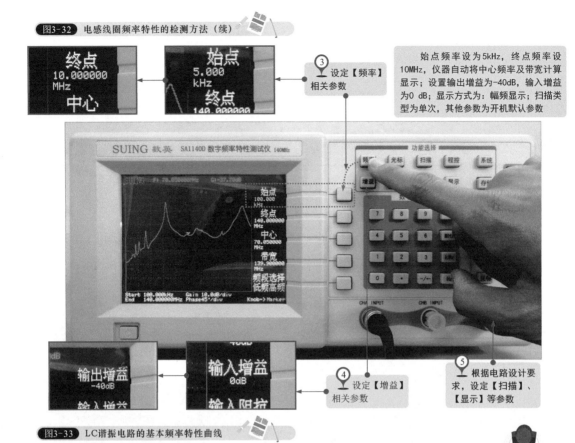

③ 设定【频率】相关参数

始点频率设为5kHz，终点频率设10MHz，仪器自动将中心频率及带宽计算显示；设置输出增益为-40dB，输入增益为0 dB；显示方式为：幅频显示；扫描类型为单次，其他参数为开机默认参数

④ 设定【增益】相关参数

⑤ 根据电路设计要求，设定【扫描】、【显示】等参数

图3-33 LC谐振电路的基本频率特性曲线

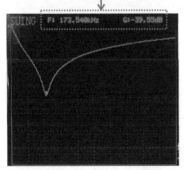

光标所在位置的频率为173.54kHz，增益为-39.55dB

该特性曲线需要满足电路设计要求，否则说明当前电感器所在电路参数不符合要求，需调整

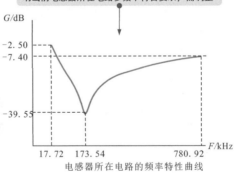

电感器所在电路的频率特性曲线

如图3-33所示，频率特性测试仪的显示屏上显示当前LC谐振电路的基本频率特性参数，识读数值即可了解是否符合生产或调试要求。

图3-34 电感器构成电路的测试与调整

如图3-34所示，一般来说，若频率特性测试仪显示的频率特性不符合电子产品生产、调试要求时，可通过调整电感线圈中线圈的稀疏程度来改变其电感量，使其最终符合电路设计需求，这也是设有电感器与电容器构成的谐振电路的电子产品，在调试测试中的重要参数检测环节。

3.3.6　贴片电感器的检测方法

贴片式电感器的检测方法与色环、色码电感器的检测方法相同，检测时都可以使用万用表对其直流电阻和电感量进行粗略测量，来判断其性能状态。

图3-35　贴片电感器的检测方法

如图3-35所示，使用数字万用表检测贴片电感器的性能，即使用具有电感量测量功能的数字万用表测量其电感量，并将实测结果与标称值相比对，来判断电感器的性能。

① 识读待测贴片电感器的标称电感量：$10 \times 10^0 = 10\mu H$

② 根据待测电感器的电感量将万用表的量程调整至"2mH"电感测量挡

③ 将万用表的两支表笔分别搭在待测贴片式大功率电感器的两端

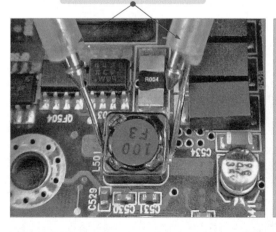

④ 正常情况下，测得电感器的电感量为0.009mH=9μH，与标称值相近

在正常情况下，贴片电感器的电感量应与其标称值接近，否则说明其性能异常。另外，还可借助指针万用表的电阻挡位测量其直流电阻的方法大致判断性能好坏。

3.3.7 微调电感器的检测方法

图3-36 微调电感器的检测方法

如图3-36所示，微调电感器一般采用万用表检测内部电感线圈直流电阻值的方法来判断性能状态。即用万用表的电阻挡检测其内部电感线圈的阻值。

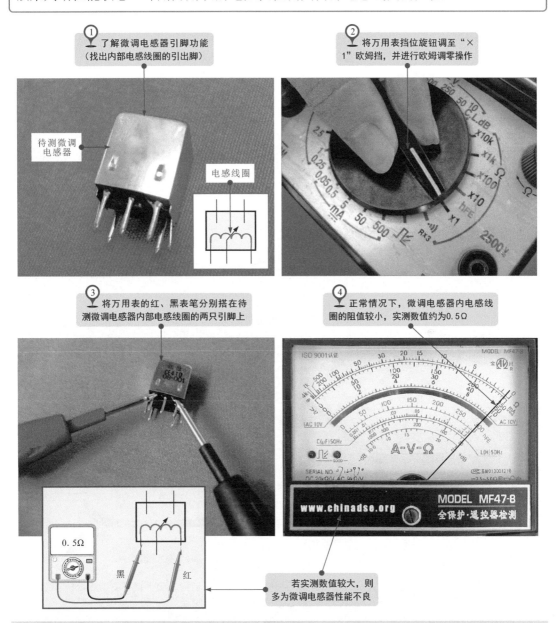

① 了解微调电感器引脚功能（找出内部电感线圈的引出脚）

待测微调电感器

电感线圈

② 将万用表挡位旋钮调至"×1"欧姆挡，并进行欧姆调零操作

③ 将万用表的红、黑表笔分别搭在待测微调电感器内部电感线圈的两只引脚上

④ 正常情况下，微调电感器内电感线圈的阻值较小，实测数值约为0.5Ω

0.5Ω

黑   红

若实测数值较大，则多为微调电感器性能不良

在正常情况下，微调电感器内部电感线圈的阻值较小，接近于0。这种测量方法是检查线圈是否有短路或断路情况。在正常情况下，微调电感器线圈之间均有固定阻值，若检测的阻值趋于无穷大，则说明该微调电感器可能已损坏。

第4章
二极管的识别、检测与应用

4.1 二极管的种类特点与功能应用

4.1.1 二极管的种类特点

二极管是一种常见的半导体电子元器件，具有单向导电性，引脚有正负极之分。它是在PN结（由一个P型半导体和N型半导体制成）两端引出相应的电极引线，再加上管壳密封制成的。

图4-1 常见二极管的实物外形

如图4-1所示，二极管的种类较多，按功能可以分为整流二极管、发光二极管、稳压二极管、光敏二极管、检波二极管、变容二极管、双向触发二极管等。按内部结构可分为面接触型二极管和点接触型二极管。

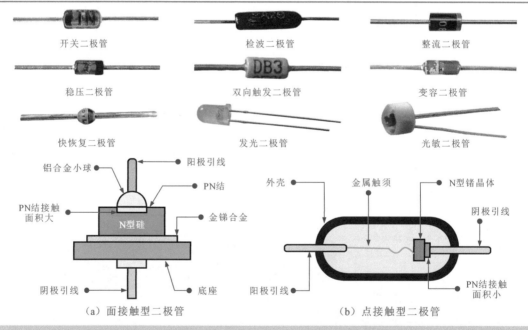

开关二极管　　　　　检波二极管　　　　　整流二极管

稳压二极管　　　　　双向触发二极管　　　　变容二极管

快恢复二极管　　　　发光二极管　　　　　光敏二极管

铝合金小球　　　阳极引线
PN结
PN结接触面积大
N型硅
金锑合金
阴极引线　　　底座

外壳　　　金属触须　　　N型锗晶体
阴极引线
阳极引线
PN结接触面积小

（a）面接触型二极管　　　　　　　（b）点接触型二极管

面接触型二极管是指其内部PN结采用合金法或扩散法制成的二极管，由于这种制作工艺中PN结的面积较大，所以能通过较大的电流。但其工作频率较低，故常用作整流元件。

相对于面接触型二极管而言，还有一种PN结面积较小的点接触型二极管，是由一根很细的金属丝和一块N型半导体晶片的表面接触，使触点和半导体牢固地熔接构成PN结。这样制成的PN结面积很小，只能通过较小的电流和承受较低的反向电压，但高频特性好。因此，点接触型二极管主要用于高频和小功率电路，或用作数字电路中的开关元件。

❶ 整流二极管

图4-2 典型整流二极管的实物外形

如图4-2所示，整流二极管是一种对电压具有整流作用的二极管，即可将交流电整流成直流电。

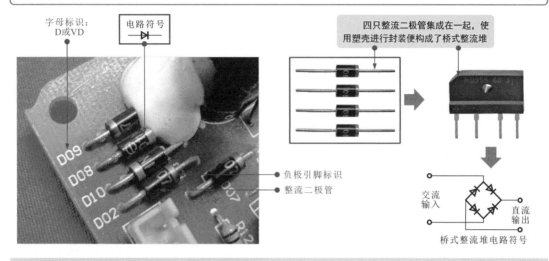

字母标识：D或VD　电路符号

四只整流二极管集成在一起，使用塑壳进行封装便构成了桥式整流堆

负极引脚标识
整流二极管

交流输入　直流输出
桥式整流堆电路符号

整流二极管多为面接触型二极管，结面积大、结电容大，但工作频率低，多采用硅半导体材料制成，应用于整流电路中。

❷ 稳压二极管

图4-3 典型稳压二极管的实物外形

如图4-3所示，稳压二极管是由硅材料制成的面接触型二极管，它内部的PN结反向击穿时，稳压二极管两端电压会固定在某一数值上，并且不随电流大小变化而变化，它就是利用此特点来达到稳压的目的。

稳压二极管
字母标识：D或ZD

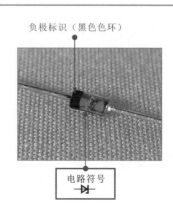

负极标识（黑色色环）

电路符号

稳压二极管在电路上应用时，应串联限流电阻，即必须限制反向通过的电流，防止超过额定电流值，否则将立即被烧毁。

❸ 发光二极管

图4-4 典型发光二极管的实物外形

如图4-4所示，发光二极管常作为显示器件或光电控制电路中的光源使用。这种二极管是一种利用正向偏置时PN结两侧的多数载流子直接复合释放出光能的发射器件。

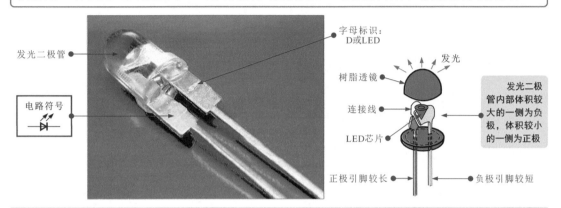

发光二极管
字母标识：D或LED
电路符号
发光
树脂透镜
连接线
LED芯片
发光二极管内部体积较大的一侧为负极，体积较小的一侧为正极
正极引脚较长
负极引脚较短

发光二极管在正常工作时，处于正向偏置状态，在正向电流达到一定值时就发光。具有工作电压低、工作电流很小、抗冲击和抗振性能好、可靠性高、寿命长的特点。

❹ 光敏二极管

图4-5 典型光敏二极管的实物外形

图4-5为常见光敏二极管的实物外形，光敏二极管又称为光电二极管，其特点是当受到光照射时，二极管反向阻抗会随之变化（随着光照射的增强，反向阻抗会由大到小）。

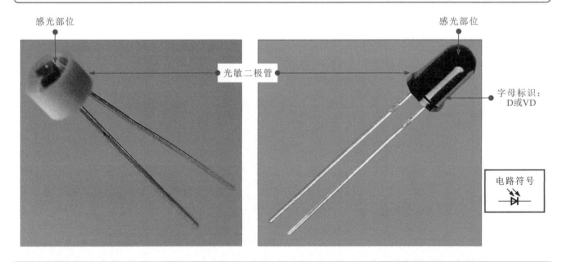

感光部位
感光部位
光敏二极管
字母标识：D或VD
电路符号

光敏二极管的反向阻抗随着光照射的增强，反向阻抗会由大到小，利用这一特性，光敏二极管常用作光电传感器件使用。

❺ 检波二极管

图4-6 典型检波二极管的实物外形

塑料封装检波二极管

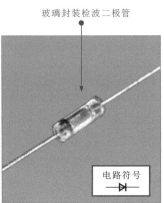

玻璃封装检波二极管

字母标识：
D或VD

电路符号
—▷⊢

如图4-6所示，检波二极管是利用二极管的单向导电性，再与滤波电容配合，可以把叠加在高频载波上的低频信号检出来的器件，这种二极管具有较高的检波效率和良好的频率特性。

❻ 变容二极管

图4-7 典型变容二极管的实物外形

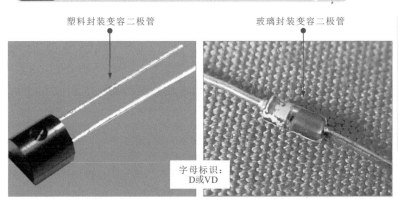

塑料封装变容二极管

玻璃封装变容二极管

字母标识：
D或VD

如图4-7所示，变容二极管是利用PN结的电容随外加偏压而变化这一特性制成的非线性半导体元件。

电路符号
—▷|—

变容二极管在电路中起电容器的作用，它被广泛地用于超高频电路中的参量放大器、电子调谐器及倍频器等高频和微波电路中。

❼ 双向触发二极管

图4-8 典型双向触发二极管的实物外形

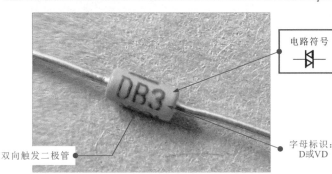

电路符号
▷◁

双向触发二极管

字母标识：
D或VD

如图4-8所示，双向触发二极管又称为二端交流器件（简称DIAC），它是一种具有三层结构的两端对称半导体器件，常用来触发晶闸管或用于过压保护、定时、移相等电路。

4.1.2　二极管的功能应用

❶ 二极管的单向导电特性

 图4-9 二极管的单向导电特性

如图4-9所示，二极管具有单向导电性，即只允许电流从正极流向负极，而不允许电流从负极流向正极。

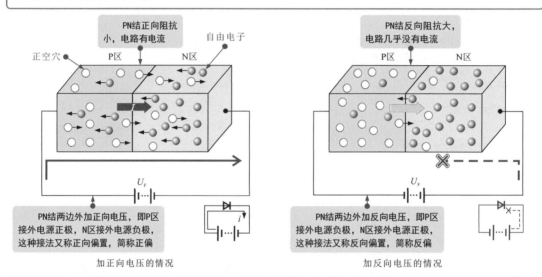

PN结正向阻抗小，电路有电流　自由电子　正空穴　P区　N区

PN结反向阻抗大，电路几乎没有电流　P区　N区

U_F

U_F

i

PN结两边外加正向电压，即P区接外电源正极，N区接外电源负极，这种接法又称正向偏置，简称正偏

PN结两边外加反向电压，即P区接外电源负极，N区接外电源正极，这种接法又称反向偏置，简称反偏

加正向电压的情况　　　　　　　　　　加反向电压的情况

当PN结外加正向电压时，其内部的电流方向与电源提供的电流方向相同，电流很容易通过PN结形成电流回路。此时PN结呈低阻状态（正偏状态的阻抗较小），此时电路为导通状态。

当PN结外加反向电压时，其内部的电流方向与电源提供的电流方向相反，电流不易通过PN结形成回路。此时PN结呈高阻状态，这种情况电路为截止状态。

图4-10 二极管内部的PN结

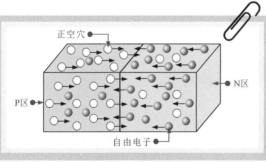

正空穴　N区　P区　自由电子

如图4-10所示，PN结是指用特殊工艺把P型半导体和N型半导体结合在一起后，在两者的交界面上形成的特殊带电薄层。P型半导体和N型半导体通常被称为P区和N区，PN结的形成是由于P区存在大量正空穴而N区存在大量自由电子，因而出现载流子浓度上的差别，于是产生扩散运动，P区的正空穴向N区扩散，N区的自由电子向P区扩散，正空穴与自由电子运动的方向相反。

❷ 二极管的伏安特性

二极管的伏安特性通常用来描述二极管的性能。二极管的伏安特性是指加在二极管两端的电压和流过二极管的电流之间的关系曲线。

图4-11 二极管的伏安特性

图4-11为二极管的伏安特性曲线（正向特性曲线、反向特性曲线和击穿特性）。

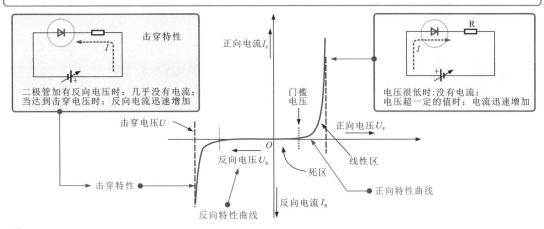

❸ 整流二极管的整流功能

图4-12 整流二极管的整流功能

如图4-12所示，整流二极管根据自身特性可构成整流电路，将原本交变的交流电压信号整流成同相脉动的直流电压信号，变换后的波形小于变换前的波形。

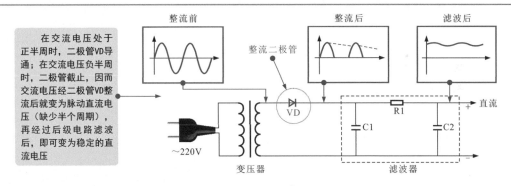

图4-13 两只整流二极管构成的全波整流电路

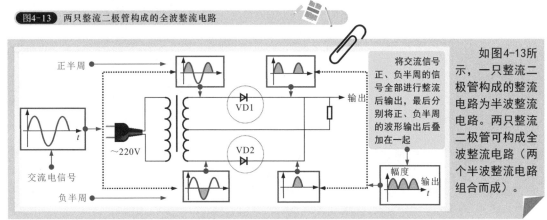

如图4-13所示，一只整流二极管构成的整流电路为半波整流电路。两只整流二极管可构成全波整流电路（两个半波整流电路组合而成）。

❹ 稳压二极管的稳压功能

 图4-14 稳压二极管的稳压功能

如图4-14所示，稳压二极管的稳压功能是指能够将电路中的某一点的电压稳定地维持在一个固定值的功能。

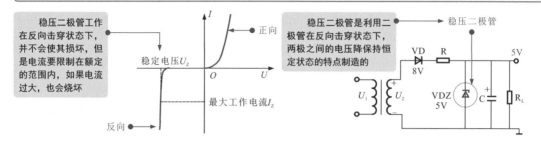

稳压二极管工作在反向击穿状态下，并不会使其损坏，但是电流要限制在额定的范围内，如果电流过大，也会烧坏

稳压二极管是利用二极管在反向击穿状态下，两极之间的电压降保持恒定状态的特点制造的

稳压二极管VDZ的负极接外加电压的高端，正极接外加电压的低端。当稳压二极管VDZ反向电压接近稳压二极管VDZ的击穿电压（5V）时，电流急剧增大，稳压二极管VDZ呈击穿状态，在该状态下，稳压二极管两端的电压保持不变（5V），从而实现稳定直流电压的功能。因此，市场上有各种不同稳压值的稳压二极管。

半导体器件中，PN结具有正向导通，反向截止的特性。但对于稳压二极管来说，若反向加入电压较高，该电压足以使其内部PN结反方向也导通，这个电压称为击穿电压。

在实际应用中，当加在稳压二极管上的反向电压临近击穿电压时，二极管反向电流急剧增大，发生击穿。这时电流在很大范围内改变时，管子两端电压基本保持不变，起到稳定电压的作用，其特性与普通二极管不同。

❺ 检波二极管的检波功能

 图4-15 检波二极管的检波功能

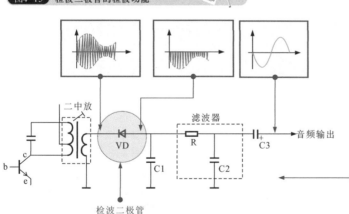

检波二极管

如图4-15所示，检波二极管具有能够将调制在高频电磁波上的低频信号检出来的特殊功能。

该电路中检波二极管用于检波出调制在载波上的音频信号。

检波效率是检波二极管的特殊参数，是指在检波二极管输出电路的电阻负载上产生的直流输出电压与加于输入端的正弦交流信号电压峰值之比的百分数

上述电路中，第二中放输出的调幅波加到检波二极管VD负极，由于检波二极管的单向导电特性，其负半周调幅波通过检波二极管，正半周被截止，通过检波二极管VD后，输出的调幅波只有负半周。负半周的调幅波再由RC滤波器滤除其中的高频成分，输出其中的低频成分，输出的就是调制在载波上的音频信号，这个过程称为检波。

4.2 二极管的参数识别与选用代换

4.2.1 二极管的参数识别

通常，二极管的型号参数都采用直标法标注命名。但具体命名规则根据国家、地区及生产厂商的不同而有所区别。

❶ 国产二极管标称参数的识读

图4-16 国产二极管标称参数的识读

如图4-16所示，我国生产的二极管型号命名包含5个部分，包括产品名称、材料、类型、序号、规格号。

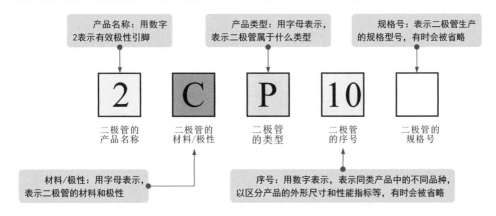

上图型号标识为"2CP10"，"2"表示二极管，"C"表示N型硅材料；"P"表示其为普通管；"10"表示其序号，通过识读可知，该二极管为N型普通硅材料二极管。

国产二极管产品类型字母含义、材料/极性的字母含义分别见表4-1、表4-2所列。

表4-1 国产二极管"类型"含义对照表

类型符号	含义	类型符号	含义	类型符号	含义	类型符号	含义
P	普通管	Z	整流管	U	光电管	H	恒流管
V	微波管	L	整流堆	K	开关管	B	变容管
W	稳压管	S	隧道管	JD	激光管	BF	发光二极管
C	参量管	N	阻尼管	CM	磁敏管		

表4-2 国产二极管"材料/极性"含义对照表

材料/极性符号	含义	材料/极性符号	含义	材料/极性符号	含义
A	N型锗材料	C	N型硅材料	E	化合物材料
B	P型锗材料	D	P型硅材料		

❷ 美产二极管标称参数的识读

 美产二极管标称参数的识读

如图4-17所示，美国生产的二极管命名方式一般也由五个部分构成，但实际标注中只标出有效极数、代号、顺序号三个部分。

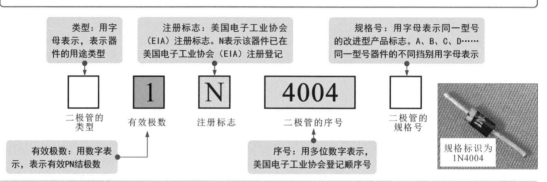

美产二极管类型和有效极数字母或数字含义分别见表4-3、表4-4所列。

表4-3 美产二极管"类型"含义对照表

符号	含义	符号	意义	符号	含义
JAN	军级	JANTXV	超特军级	无	非军用品
JANTX	特军级	JANS	宇航级		

表4-4 美产二极管"有效极数"含义对照表

符号	含义	符号	含义
1	二极管（1个PN结）	3	3个PN结
2	三极管（2个PN结）	n	n个PN结

❸ 日产二极管标称参数的识读

 日产二极管标称参数的识读

如图4-18所示，日本生产的二极管命名方式由5个部分构成，包括有效极数、代号、材料/类型、顺序号和规格号。

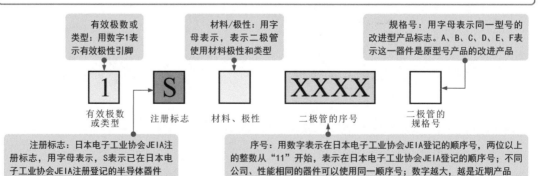

❹ 国际电子联合会二极管参数的识读

图4-19 国际电子联合会二极管参数的识读

> 如图4-19所示，国际电子联合会二极管的命名方式一般由4个部分构成，包括材料、类别、序号和规格号。

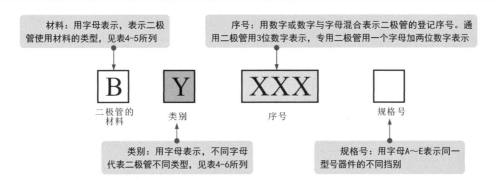

材料：用字母表示，表示二极管使用材料的类型，见表4-5所列

序号：用数字或数字与字母混合表示二极管的登记序号。通用二极管用3位数字表示，专用二极管用一个字母加两位数字表示

二极管的材料　　类别　　　　　序号　　　　　规格号

类别：用字母表示，不同字母代表二极管不同类型，见表4-6所列

规格号：用字母A～E表示同一型号器件的不同挡别

国际电子联合会二极管命名中，代表材料的字母含义见表4-5所列，类别见表4-6所列。

表4-5　国际电子联合会二极管"材料"含义对照表

材料/极性符号	含义	材料/极性符号	含义	材料/极性符号	含义
A	锗材料	C	砷化镓	R	复合材料
B	硅材料	D	锑化铟		

表4-6　国际电子联合会二极管"类别"含义对照表

类型符号	含义	类型符号	含义	类型符号	含义
A	检波管	H	磁敏管	X	倍压管
B	变容管	P	光敏管	Y	整流管
E	隧道管	Q	发光管	Z	稳压管
G	复合管				

对于没有任何表示信息的二极管，可以从四个方面来识别类型或材料。

◆根据不同类型二极管的外形特征来识别。例如，稳压二极管外观多为红色玻璃外壳，整流二极管多为黑色柱形，快恢复二极管多为圆形黑白相间且引脚较粗等，对于一般维修人员，能够根据这些特点，大体识别出二极管的类型就能够满足一般维修要求了。

◆根据二极管的应用环境来识别。例如，在电子产品的电源电路中，次级输出部分一般设有多个整流二极管，用于将变压器输出的交流电压整流为直流电压，因此，在电路板中，位于该电路范围内的二极管多为整流二极管。

◆根据二极管应用电路原理图或电路板附近的标识来识别。大多电子产品都配有其维修电路原理图，在电路原理图中通常会标有各种元器件的型号、主要参数等信息，根据该信息很容易进行识别。而且，有些电子产品电路板中在二极管附近会印有其型号标识，也很容易进行识别。

◆通过简单的测试来识别。根据硅二极管和锗二极管的特点，可使用万用表检测其导通电压的方法来判别其材料。例如，若实测二极管的导通电压在0.2～0.3V内，则说明该二极管为锗二极管；若实测在0.6～0.7V范围内，则说明所测二极管为硅二极管。

图4-20 二极管引脚极性的识别

如图4-20所示，大部分二极管会在外壳上标有极性标识，有些通过电路符号表示，有些则通过色环或引脚长短特征进行标识。

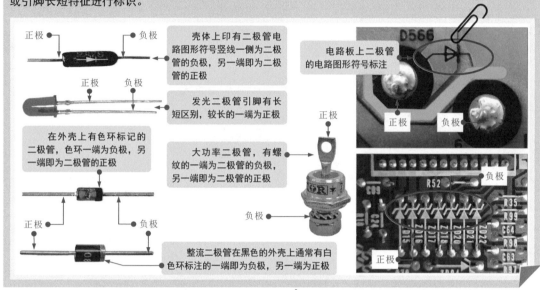

正极　负极

壳体上印有二极管电路图形符号竖线一侧为二极管的负极，另一端即为二极管的正极

电路板上二极管的电路图形符号标注

正极　负极

正极　负极

发光二极管引脚有长短区别，较长的一端为正极

正极

在外壳上有色环标记的二极管，色环一端为负极，另一端即为二极管的正极

大功率二极管，有螺纹的一端为二极管的负极，另一端即为二极管的正极

负极

正极

负极　正极

负极

整流二极管在黑色的外壳上通常有白色环标注的一端即为负极，另一端为正极

正极

4.2.2 二极管的选用代换

当实际应用中，二极管因环境等因素影响，有损坏、失效的情况时，需要选择可替代的二极管进行代换，以恢复电路功能。

① 整流二极管的选用代换

图4-21 整流二极管的选用代换案例

如图4-21所示，选用代换整流二极管时所选的二极管的功率应满足电路要求，并应根据电路的工作频率和工作电压进行选择，其反向峰值电压、最大整流电流、最大反向工作电流、截止频率、反向恢复时间等参数应符合电路设计要求。

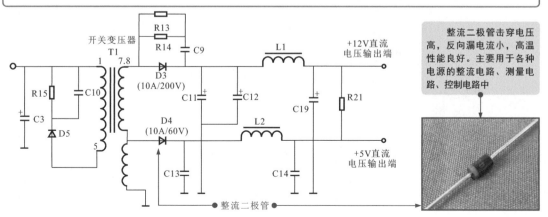

整流二极管击穿电压高，反向漏电流小，高温性能良好。主要用于各种电源的整流电路、测量电路、控制电路中

开关变压器 T1

R13
R14　C9

L1

+12V直流电压输出端

R15　C10

D3
(10A/200V)

C11　C12

C19　R21

C3

D5

D4
(10A/60V)

L2

C13

C14

+5V直流电压输出端

整流二极管

　　在上述电路中，D3和D4为整流二极管，其额定电流为10A，其中D3的额定电压为200V，D4的额定电压为60V。该开关变压器绕组的输出电流经D3整流，C11、L1、C19滤波，输出＋12V直流电压，该绕组的中间抽头经D4整流，C13、L2、C14滤波，输出＋5V直流电压。在进行代换时，应选择额定电流、额定电压大于或等于上述参数的整流二极管。

❷ 稳压二极管的选用代换

图4-22 稳压二极管的选用代换案例

　　如图4-22所示，选择代换稳压二极管时，要注意选用稳压二极管的稳定电压值应与应用电路的基准电压值相同，最大稳定电流应高于应用电路的最大负载电流50%左右，应尽量选用动态电阻较小的稳压管。动态电阻越小，稳压管性能越好。功率应符合电路的设计要求，可串联使用，同时应注意选用稳压二极管应用的环境不同，应选用不同耗散功率类型。如：若环境温度超过50℃时，温度每升高1℃，应将最大耗散功率降低1％。

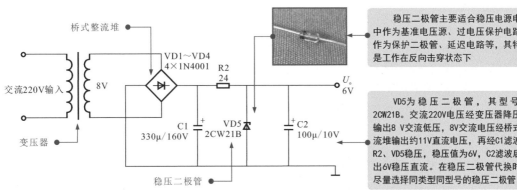

稳压二极管主要适合稳压电源电路中作为基准电压源、过电压保护电路中作为保护二极管、延迟电路等，其特点是工作在反向击穿状态下

VD5为稳压二极管，其型号为2CW21B。交流220V电压经变压器降压后输出8 V交流低压，8V交流电压经桥式整流堆输出约11V直流电压，再经C1滤波，R2、VD5稳压，稳压值为6V，C2滤波后输出6V稳压直流。在稳压二极管代换时，尽量选择同类型同型号的稳压二极管

实际应用中，1N系列稳压二极管较为常见，该类二极管的型号及可替换型号见表4-7所列。

表4-7　常见1N系列稳压二极管型号及可替换型号速查表

型号	额定电压/V	最大工作电流/mA	可替换型号
1N708	5.6	40	BWA54、2CW28（5.6 V）
1N709	6.2	40	2CW55/B（硅稳压二极管）、BWA55/E
1N710	6.8	36	2CW55A、2CW105（硅稳压二极管：6.8 V）
1N711	7.5	30	2CW56A（硅稳压二极管）、2CW28（硅稳压二极管：7.5 V）、2CW106（范围7.0～8.8V：选7.5 V）
1N712	8.2	30	2CW57/B、2CW106（范围7.0～8.8V：选8.2 V）
1N713	9.1	27	2CW58A/B、2CW74
1N714	10	25	2CW18、2CW59/A/B
1N715	11	20	2CW76、2DW 12F、BS31-12
1N716	12	20	2CW61/A、2CW77/A
1N717	13	18	2CW62/A、2DW21G

表4-7 常见1N系列稳压二极管型号及可替换型号速查表（续1）

型号	额定电压/V	最大工作电流/mA	可替换型号
1N718	15	16	2CW112（范围13.5~17 V：选15 V）、2CW78A
1N719	16	15	2CW63/A/B、2DW12H
1N720	18	13	2CW20B、2CW64/B、2CW68（范围18~21 V：选18 V）
1N721	20	12	2CW65（范围20~24 V：选20 V）、2DW12I、BWA65
1N722	22	11	2CW20C、2DW12J
1N723	24	10	WCW116、2DW13A
1N724	27	9	2CW20D、2CW68、BWA68/D
1N725	30	13	2CW119（范围29~33 V：选30V）
1N726	33	12	2CW120（范围32~36 V：选33V）
1N727	36	11	2CW120（范围32~36 V：选36V）
1N728	39	10	2CW121（范围35~40 V：选39V）
1N748	3.8~4.0	125	HZ4B2
1N752	5.2~5.7	80	HZ6A
1N753	5.8~6.1	80	2CW132（范围5.5~6.5 V）
1N754	6.3~6.8	70	H27A
1N755	7.1~7.3	65	HZ7.5EB
1N757	8.9~9.3	52	HZ9C
1N962	9.5~11	45	2CW137（范围10.0~11.8 V）
1N963	11~11.5	40	2CW138（范围11.5~12.5 V）、HZ12A-2
1N964	12~12.5	40	HZ12C-2、MA1130TA
1N969	21~22.5	20	RD245B
1N4240A	10	100	2CW108（范围9.2~10.5 V：选10 V）、2CW109（范围10.0~11.8 V）、2DW5
1N4724A	12	76	2DW6A、2CW110（范围11.5~12.5 V：选12 V）
1N4728	3.3	270	2CW101（范围2.5~3.6V：选3.3 V）
1N4729	3.6	252	2CW101（范围2.5~3.6 V：选3.6 V）
1N4729A	3.6	252	2CW101（范围2.5~3.6 V：选3.6 V）
1N4730A	3.9	234	2CW102（范围3.2~4.7 V：选3.9 V）
1N4731	4.3	217	2CW102（范围3.2~4.7 V：选4.3 V）
1N4731A	4.3	217	2CW102（范围3.2~4.7 V：选4.3 V）
1N4732/A	4.7	193	2CW102（范围3.2~4.7 V：选4.7 V）
1N4733/A	5.1	179	2CW103（范围4.0~5.8 V：选5.1 V）
1N4734/A	5.6	162	2CW103（范围4.0~5.8 V：选5.6 V）
1N4735/A	6.2	146	1W6V2、2CW104（范围5.5~6.5 V：选6.2 V）
1N4736/A	6.8	138	1W6V8、2CW104（范围5.5~6.5 V：选6.5 V）
1N4737/A	7.5	121	1W7V5、2CW105（范围6.2~7.5 V：选7.5 V）
1N4738/A	8.2	110	1W8V2、2CW106（范围7.0~8.8 V：选8.2 V）

表4-7 常见1N系列稳压二极管型号及可替换型号速查表（续2）

型号	额定电压/V	最大工作电流/mA	可替换型号
1N4739/A	9.1	100	1W9V1、2CW107（范围8.5～9.5 V：选9.1 V）
1N4740/A	10	91	2CW286-10 V、B563-10
1N4741/A	11	83	2CW109（范围10.0～11.8 V：选11 V）、2DW6
1N4742/A	12	76	2CW110（范围11.5～12.5 V：选12 V）、2DW6A
1N4743/A	13	69	2CW111（范围12.2～14 V：选13 V）、2DW6B、BWC114D
1N4744/A	15	57	2CW112（范围13.5～17 V：选15 V）、2DW6D
1N4745/A	16	51	2CW112（范围13.5～17 V：选16 V）、2DW6E
1N4746/A	18	50	2CW113（范围16～19 V：选18 V）、1W18V
1N4747/A	20	45	2CW114（范围18～21 V：选20 V）、BWC115E
1N4748/A	22	41	2CW115（范围20～24 V：选22 V）、1W22V
1N4749/A	24	38	2CW116（范围23～26 V：选24 V）、1W24V
1N4750/A	27	34	2CW117（范围25～28 V：选27 V）、1W27V
1N4751/A	30	30	2CW118（范围27～30 V：选30 V）、1W30V、2DW19F
1N4752/A	33	27	2CW119（范围29～33 V：选33V）、1W33V
1N4753	36	13	2CW120（范围32～36 V：选36 V）、1/2W36V
1N4754	39	12	2CW121（范围35～40 V：选39 V）、1/2W39V
1N4755	43	12	2CW122（43 V）、1/2W43V
1N4756	47	10	2CW122（47 V）、1/2W47V
1N4757	51	9	2CW123（51 V）、1/2W51V
1N4758	56	8	2CW124（56 V）、1/2W56V
1N4759	62	8	2CW124（62 V）、1/2W62 V
1N4760	68	7	2CW125（68 V）、1/2W68V
1N4761	75	6.7	2CW126（75 V）、1/2W75V
1N4762	82	6	2CW126（82 V）、1/2W82V
1N4763	91	5.6	2CW127（91 V）、1/2W91V
1N4764	100	5	2CW128（100 V）、1/2W100V
1N5226/A	3.3	138	2CW51（范围2.5～3.6V：选3.3 V）、2CW5226
1N5227/A/B	3.6	126	2CW51（范围2.5～3.6V：选3.6 V）、2CW5227
1N5228/A/B	3.9	115	2CW52（范围3.2～4.5V：选3.9 V）、2CW5228
1N5229/A/B	4.3	106	2CW52（范围3.2～4.5V：选4.3 V）、2CW5229
1N5230/A/B	4.7	97	2CW53（范围4.0～5.8V：选4.7 V）、2CW5230
1N5231/A/B	5.1	89	2CW53（范围4.0～5.8V：选5.1 V）、2CW5231
1N5232/A/B	5.6	81	2CW103（范围4.0～5.8 V：选5.6 V）、2CW5232
1N5233/A/B	6	76	2CW104（范围5.5～6.5 V：选6 V）、2CW5233
1N5234/A/B	6.2	73	2CW104（范围5.5～6.5 V：选6.2 V）、2CW5234
1N5235/A/B	6.8	67	2CW105（范围6.2～7.5 V：选6.8 V）、2CW5235

❸ 检波二极管的选用代换

图4-23 检波二极管的选用代换案例

如图4-23所示，检波二极管在代换时应根据电路的具体要求来选择工作频率高、反向电流小、正向电流足够大的检波二极管，因检波是对高频波整流，二极管的结电容一定要小，所以选用点接触二极管；检波二极管的正向电阻在200～900Ω较好，而它的反向电阻则是越大越好。

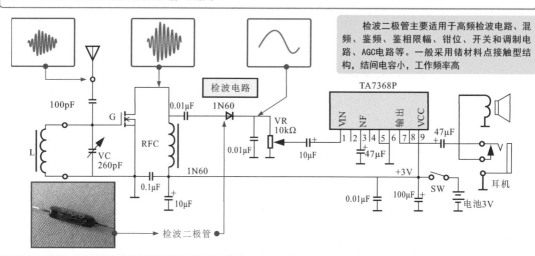

检波二极管主要适用于高频检波电路、混频、鉴频、鉴相限幅、钳位、开关和调制电路、AGC电路等。一般采用锗材料点接触型结构，结间电容小，工作频率高

在上述超外差收音机检波电路中，选用了检波二极管1N60。高频放大电路输出的调幅波加到二极管1N60的正极，由于二极管单向导电特性，其正半周调幅波通过二极管，负半周被截止，通过二极管1N60后输出的调幅波只有正半周。正半周的调幅波再由滤波器滤除其中的高频成分，经低频放大电路放大后输出的就是调制在载波上的音频信号。在代换时尽量选择同类型同型号的检波二极管。

❹ 发光二极管的选用代换

图4-24 发光二极管的选用代换案例

发光二极管主要适用于检测电路、指示灯电路、数字化仪表电路、计算机或其他电子设备的数字显示电路，工作状态指示电路（如显示器的电源指示灯等）等

通常发光二极管是可以通用的，在代换发光二极管时应注意发光二极管的外形、尺寸以及发光颜色与设计要求相匹配。一般普通绿色、黄色、红色、橙色发光二极管的工作电压为2V左右；白色发光二极管的工作电压通常大于2.4V；蓝色发光二极管的工作电压通常大于3.3V

如图4-24所示，选择代换发光二极管时，应选用发光二极管的额定电流应大于电路中最大允许电流值，根据要求选择发光二极管的发光颜色。如作为电源指示可选择红色。同时注意根据安装位置，选择发光二极管的形状和尺寸。普通发光二极管的工作电压一般为2～2.5V。电路只要满足工作电压的要求，不论是直流还是交流都可以。

4.3 二极管的检测方法

4.3.1 整流二极管的检测方法

图4-25 整流二极管的检测方法

> 如图4-25所示，整流二极管主要利用二极管的单向导电特性实现整流功能，判断整流二极管好坏可利用这一特性，用万用表检测整流二极管正、反向导通电压。

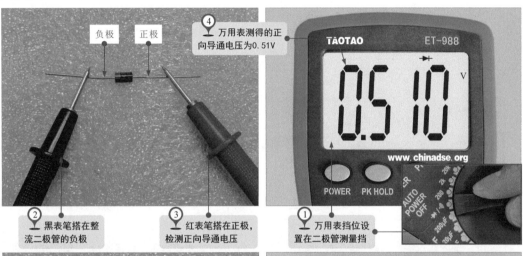

④ 万用表测得的正向导通电压为0.51V

② 黑表笔搭在整流二极管的负极

③ 红表笔搭在正极，检测正向导通电压

① 万用表挡位设置在二极管测量挡

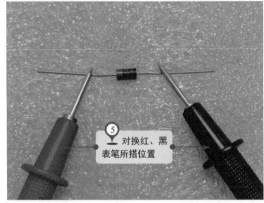

⑤ 对换红、黑表笔所搭位置

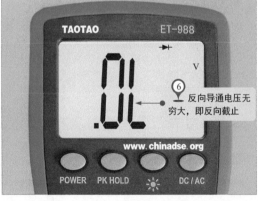

⑥ 反向导通电压无穷大，即反向截止

> 在正常情况下，整流二极管有一定的正向导通电压，但没有反向导通电压。若实测整流二极管的正向导通电压在0.2～0.3V内，则说明该整流二极管为锗材料制作；若实测在0.6～0.7V范围内，则说明所测整流二极管为硅材料；若测得电压不正常，说明整流二极管不良。

4.3.2 稳压二极管的检测方法

> 稳压二极管是利用二极管的反向击穿特性制造的二极管，该类二极管外加较低的反向电压时，呈截止状态，当反向电压加到一定的值时，该类二极管的反向电流

急剧增加，呈反向击穿状态，此状态下，稳压二极管两端为一固定的值，该值为稳压二极管的稳压值。检测稳压二极管主要就是检测它的稳压性能和稳压值。

　　如图4-26所示，检测稳压二极管的稳压值，必须在外加偏压（提供反向电流）的条件下进行，即搭建检测电路。例如，将稳压二极管（RD3.6E型）与可调直流电源（3～10V）、限流电阻（220Ω）搭成电路，然后将万用表检测该二极管的稳压性能。

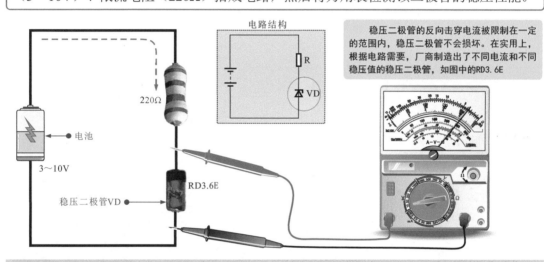

稳压二极管的反向击穿电流被限制在一定的范围内，稳压二极管不会损坏。在实用上，根据电路需要，厂商制造出了不同电流和不同稳压值的稳压二极管，如图中的RD3.6E

　　图中，当直流电源输出电压较小时（<稳压值3.6V）稳压二极管截止，万用表指示值等于电源电压值；当电源电压超过3.6V时，万用表指示为3.6V；继续增加直流电源的输出电压，直到10V，稳压二极管两端的电压值仍为3.6V，此值为稳压二极管的稳压值。

　　RD3.6E稳压二极管的稳压值为3.47～3.83V，也就是说该范围的稳压二极管均为合格产品，如果电路有严格的电压要求，应从产品挑选负荷要求的器件。如果要检测较高稳压值的稳压二极管，应使用大于稳压值的直流电源。

4.3.3　发光二极管的检测方法

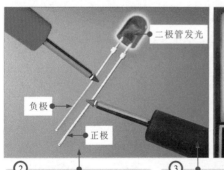

　　如图4-27所示，检测发光二极管的性能，可借助万用表电阻挡粗略测量其正、反向阻值判断其性能好坏。

② 黑表笔搭在发光二极管的正极引脚上，红表笔搭在负极引脚上

③ 由于万用表内压作用，发光二极管放光，且测得正向阻值为20kΩ

① 将万用表的挡位旋钮调至"×1k"欧姆挡，并进行零欧姆调整操作

图4-27 发光二极管的检测方法（续）

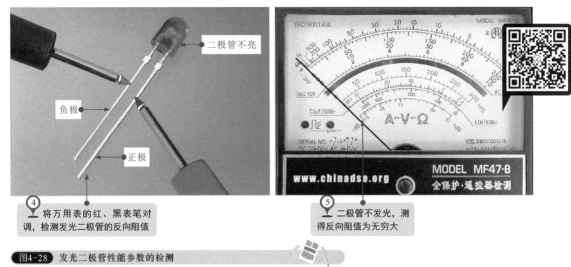

④ 将万用表的红、黑表笔对调，检测发光二极管的反向阻值

⑤ 二极管不发光，测得反向阻值为无穷大

图4-28 发光二极管性能参数的检测

如图4-28所示，若需要具体了解发光二极管的发光性能、管压降或工作电流等参数，需要搭建测试电路或在路状态下。例如，将发光二极管串接到电路中，电位器RP用于调整限流电阻的值。在调整过程中，观测LED的发光状态和管压降。达到LED的额定工作状态时，理论上应为图中右侧的关系。

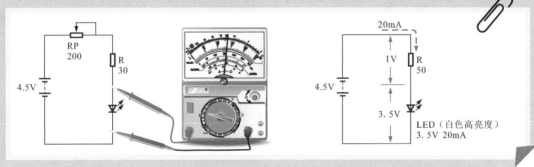

4.3.4 光敏二极管的检测方法

图4-29 光敏二极管的检测方法

将光敏二极管置于反向偏置的条件下，光电流与所照射的光成比例。光电流的大小可在电流电阻上检测，即检测电阻R_1上的电压值U_o，即可计算出电流值。改变光照强度光电流就会变化，U_o的值也会变化

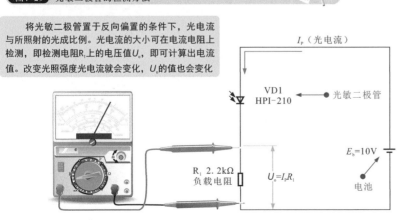

如图4-29所示，光敏二极管通常作为光电传感器检测环境光线信息。检测光敏二极管一般需要搭建测试电路，检测光照与电流的关系或性能。

图4-30 光敏二极管与三极管组成的集电极输出电路

如图4-30所示，光敏二极管光电流的值往往很小，作用于负载的能力较差，因而都与三极管组合，将光电流放大后再去驱动负载。因此，可利用组合电路检测光敏二极管，这样更接近实用。

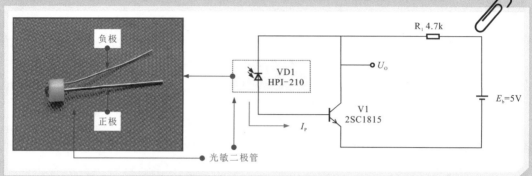

光敏二极管接在三极管的基极电路中，光电流作为三极管的基极电流，集电极电流等于放大h_{FE}倍的基极电流，通过检测集电极电阻压降，即可计算出集电极电流，这样可将光敏二极管与放大三极管的组合电路作为一个光敏传感器的单元电路来使用，三极管有足够的信号强度去驱动负载。

4.3.5 双向触发二极管的检测方法

双向触发二极管属于三层构造的两端交流器件，等效于基极开路，发射极与集电极对称的NPN型三极管。正、反向的伏安特性完全对称。当器件两端的电压小于正向转折电压U（BO）时，器件呈高阻态，当两端的电压大于转折电压时，器件击穿（导通）进入负阻区。同样，当两端电压超过反向转折电压时，器件也进入负阻区。

图4-31 双向触发二极管的检测方法

不同型号的双向触发二极管，其转折电压是不同的，如DB3的转折电压约为30V，DB4、DB5…的转折电压要高一些

如图4-31所示，检测双向触发二极管主要是检测转折电压的值，可搭建电路检测。

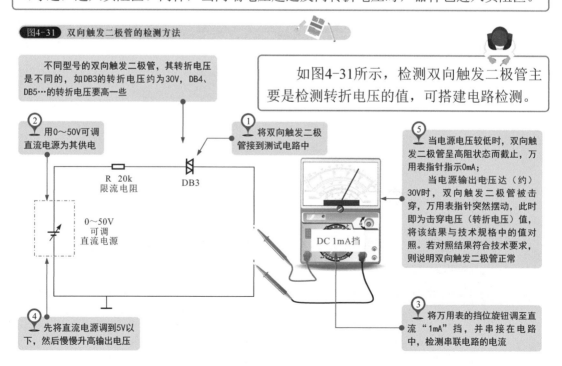

② 用0～50V可调直流电源为其供电

① 将双向触发二极管接到测试电路中

R 20k 限流电阻

DB3

0～50V 可调 直流电源

④ 先将直流电源调到5V以下，然后慢慢升高输出电压

⑤ 当电源电压较低时，双向触发二极管呈高阻状态而截止，万用表指针指示0mA；当电源输出电压达（约）30V时，双向触发二极管被击穿，万用表指针突然摆动，此时即为击穿电压（转折电压）值，将该结果与技术规格中的值对照。若对照结果符合技术要求，则说明双向触发二极管正常

DC 1mA挡

③ 将万用表的挡位旋钮调至直流"1mA"挡，并串接在电路中，检测串联电路的电流

检测双向触发二极管一般不采用直接检测正、反向阻值的方法，因为在没有足够（大于转折电压）的供电电压时，触发二极管本身呈高阻状态，用万用表检测阻值的结果也只能是无穷大，这种情况下，无法判断双向触发二极管是正常，还是开路，因此这种检测没有实质性的意义。

图4-32 双向触发二极管开路状态的检测方法

如图4-32所示，将双向触发二极管接入电路中，通过检测电路电压值，可判断双向触发二极管有无开路情况。

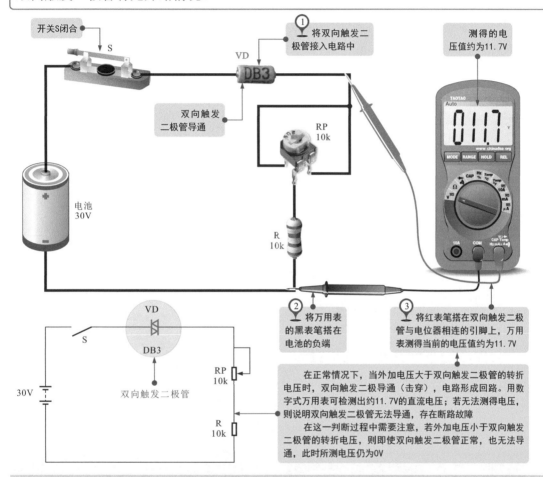

综上所述，普通二极管，如整流二极管、开关二极管、检波二极管等可通过检测正、反向阻值的方法判断好坏；稳压二极管、发光二极管、光敏二极管和双向触发二极管需要搭建测试电路检测相应特性参数；变容二极管实质是电压控制的可变电容元件，在调谐电路中相当于小电容，检测正、反向阻值无实际意义。

检测安装在电路板上的二极管属于在路检测，检测的方法与上面训练的方法相同，但由于在路的原因，二极管处于某种电路关系中，因此很容易受外围元器件的影响，而导致测量的结果有所不同。

因此，一般若怀疑电路板上的二极管异常时，可首先在路检测一下，当发现测试结果明显异常时，再将其从电路板上取下后，开路再次测量，进一步确定其是否正常。

另外，使用数字万用表的二极管挡，在路检测二极管时基本不受外围元器件影响，在正常情况下，正向导通电压为一个固定值；反向为无穷大，否则说明二极管损坏。

第5章
三极管的识别、检测与应用

5.1 三极管的种类特点与功能应用

5.1.1 三极管的种类特点

> 三极管全称"晶体三极管",又称"晶体管",是一种应用极为广泛的半导体器件。

图5-1 常见三极管的实物外形和内部结构

图5-1为几种常见三极管的实物外形和内部结构示意图。三极管由两个PN结和三个电极构成,常见的三极管结构有平面型和合金型两类。

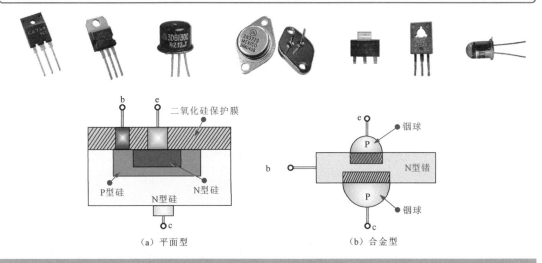

（a）平面型　　　　　　　　　　（b）合金型

> 三极管应用广泛、种类繁多;根据制作工艺和内部结构的不同,可以分为NPN型三极管和PNP型三极管(其中又可细分成平面型管、合金型管);根据功率的不同,可以分为小功率三极管、中功率三极管和大功率三极管;根据工作频率的不同可以分为低频三极管和高频三极管;根据封装形式的不同,主要可分为金属封装型、塑料封装型、贴片式封装型等;根据功能的不同又可以分为放大三极管、开关三极管、光敏三极管等。

❶ PNP型和NPN型三极管

> 三极管是一种具有放大功能的半导体器件,它实际上是在一块半导体基片上制作两个距离很近的PN结,这两个PN结把整块半导体分成三部分,中间部分为基极(b),两侧部分为集电极(c)和发射极(e),排列方式有NPN和PNP两种。

图5-2 NPN型和PNP型三极管的实物外形

如图5-2所示，NPN型和PNP型三极管外形相似，内部结构不同。

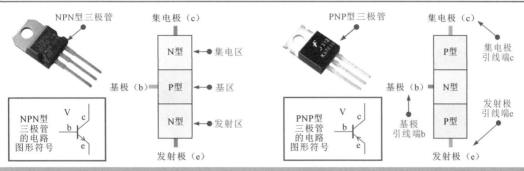

各种三极管都分为发射区、基区和集电区三个区域，三个区域的引出线分别称为发射极、基极和集电极，并分别用e、b和c表示。发射区与基区间的PN结称为发射结，基区与集电区间的PN结称为集电结。NPN型和PNP型三极管的工作原理相同，不同的只是使用时连接电源的极性不同，管子各极间的电流方向也不同。

三极管是一种电流控制器件，基极（b）电流的大小控制着集电极（c）和发射极（e）电流的大小。其中基极（b）电流最小，且远小于另两个引脚的电流；发射极（e）电流最大（等于集电极电流和基极电流之和）；集电极（c）电流与基极（b）电流之比即为三极管的放大倍数β。

❷ 小、中、大功率三极管

图5-3 不同功率三极管的实物外形

如图5-3所示，根据功率的不同，可将三极管分为小功率三极管、中功率三极管和大功率三极管三种。

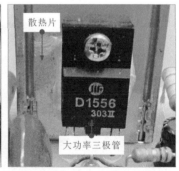

小功率三极管的功率一般小于0.3W，中功率三极管的功率一般在0.3～1W之间，大功率三极管的功率一般在1W以上，通常需要安装在散热片上。

小功率三极管主要用来放大交、直流信号或应用在振荡器、变换器等电路中，如用来放大音频、视频的信号或作为各种控制电路中的控制器件等。

中功率三极管主要用于驱动电路和激励电路之中，或者是为大功率放大器提供驱动信号。

大功率三极管由于耗散功率比较大，工作时往往会引起芯片内温度过高，所以通常需要安装散热片，以确保三极管良好的散热。

❸ 低频和高频三极管

图5-4　不同频率三极管的实物外形

如图5-4所示，低频三极管是指特征频率f_T小于3 MHz的三极管，多用于低频放大电路；高频三极管是指特征频率f_T大于3 MHz的三极管，多用于高频放大电路、混频电路或高频振荡电路等。

在电子产品中，三极管的特征频率要大于其工作频率才能保证电路的正常运行。通常，中波收音机中的三极管要求工作在3MHz以内，但三极管的特征频率则至少应在6MHz以上；短波收音机三极管的工作频率在1.5～30MHz；调频收音机的工作频率为88～108MHz；电视机的工作频率为40～800MHz；手机中三极管的工作频率需要在1900MHz；卫星接收机的工作频率更高（13GHz）。习惯上，将特征频率f_T大于3MHz小于1000MHz的三极管称为高频三极管，将特征频率f_T大于1000MHz的三极管称为超高频三极管。

❹ 塑料封装和金属封装三极管

图5-5　塑料封装和金属封装三极管的实物外形

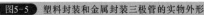

塑料封装三极管

金属封装三极管 ➤

图5-5为分别采用塑料封装和金属封装的三极管实物外形。在实际应用中，以塑料封装三极管最为常见。

图5-6　其他类型的三极管

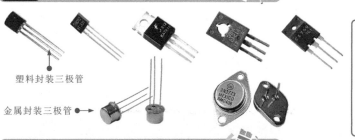

贴片式三极管　　光敏三极管　　达林顿管 ●

如图5-6所示，三极管除上述的几种类型外，还可根据安装形式的不同分为分立式三极管和贴片式三极管，此外还有一些特殊的晶体管，如达林顿管是一种复合三极管，光敏三极管是受光控制的三极管。

5.1.2 三极管的功能应用

在电子电路中，三极管通常起到电流放大和电子开关作用。

❶ 三极管的电流放大功能

图5-7 具有电流放大功能的三极管

如图5-7所示，三极管是一种电流放大器件，可制成交流或直流信号放大器，由基极输入一个很小的电流从而控制集电极很大的电流输出。

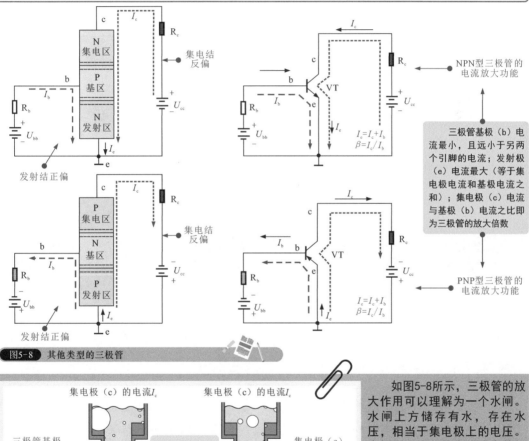

NPN型三极管的电流放大功能

三极管基极（b）电流最小，且远小于另两个引脚的电流；发射极（e）电流最大（等于集电极电流和基极电流之和）；集电极（c）电流与基极（b）电流之比即为三极管的放大倍数

PNP型三极管的电流放大功能

图5-8 其他类型的三极管

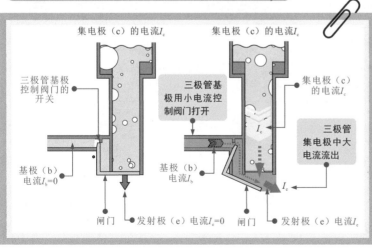

如图5-8所示，三极管的放大作用可以理解为一个水闸。水闸上方储存有水，存在水压，相当于集电极上的电压。水闸侧面流入的水流称为基极电流I_b。当I_b有水流流过，冲击闸门时，闸门便会开启，这样水闸侧面很小的水流流量（相当于电流I_b）与水闸上方的大水流流量（相当于电流I_c）就汇集到一起流下（相当于发射极e的电流I_e），发射极便产生放大的电流。这就相当于三极管的放大作用。

图5-9　三极管的特性曲线

如图5-9所示，三极管具有放大功能的基本条件是保证基极和发射极之间加正向电压（发射结正偏），基极与集电极之间加反向电压（集电结反偏）。基极相对于发射极为正极性电压，基极相对于集电极则为负极性电压，我们可从三极管的半导体工作特性来理解。

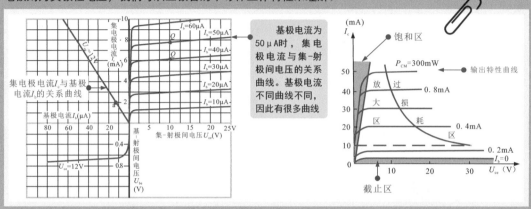

根据三极管不同的工作状态，输出特性曲线分为3个工作区。

◇　截止区：$I_b=0$曲线以下的区域称为截止区。$I_b=0$时，$I_c=I_{CEO}$，该电流称为穿透电流，其值极小，通常忽略不计，故认为此时$I_c=0$，三极管无电流输出，说明三极管已截止。对于NPN型硅管，当$U_{be}<0.5$ V，即在死区电压以下时，三极管就已经开始截止。为了可靠截止，常使$U_{be}<0$。这样，发射结和集电结都处于反偏状态。此时的U_{ce}近似等于集电极（c）电源电压U_c，意味着集电极（c）与发射极（e）之间开路，相当于集电极（c）与发射极（e）之间的开关断开。

◇　放大区：在放大区内，三极管发射结正偏，集电结反偏；$I_c=\beta I_b$，集电极（c）电流与基极（b）电流成正比。因此，放大区又称为线性区。

◇　饱和区：特性曲线上升和弯曲部分的区域称为饱和区，即U_{ceo}，集电极与发射极之间的电压趋近零。I_b对I_c的控制作用已达最大值，三极管的放大作用消失，这种状态称为临界饱和；若$U_{ce}<U_{be}$，则发射结和集电结都处在正偏状态，这时三极管为过饱和状态。在过饱和状态下，因为U_{be}本身小于1V，而U_{ce}比U_{be}更小，于是可以认为U_{ce}近似为零。这样集电极与发射极短路，相当于c与e之间的开关接通。

❷ 三极管的开关功能

图5-10　常见三极管的实物外形和内部结构

如图5-10所示，三极管集电极电流在一定范围内随基极电流呈线性变化，这就是放大特性。但当基极电流高过此范围时，三极管集电极电流会达到饱和值，基极电流低于此范围，三极管会进入截止状态，利用导通或截止特性，还可起到开关作用。

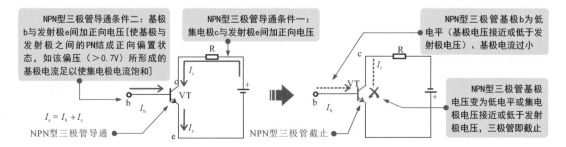

5.2 三极管的参数识别与选用代换

5.2.1 三极管的参数识别

通常，三极管的型号参数都采用直标法标注命名。但具体命名规则根据国家、地区及生产厂商的不同而有所区别。

❶ 国产三极管参数的识读

图5-11 国产三极管参数的识读

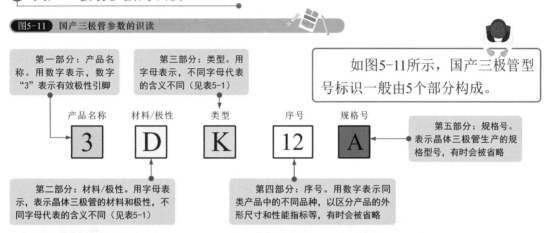

第一部分：产品名称。用数字表示，数字"3"表示有效极性引脚

第三部分：类型。用字母表示，不同字母代表的含义不同（见表5-1）

如图5-11所示，国产三极管型号标识一般由5个部分构成。

产品名称　材料/极性　类型　序号　规格号

3　D　K　12　A

第五部分：规格号。表示晶体三极管生产的规格型号，有时会被省略

第二部分：材料/极性。用字母表示，表示晶体三极管的材料和极性，不同字母代表的含义不同（见表5-1）

第四部分：序号。用数字表示同类产品中的不同品种，以区分产品的外形尺寸和性能指标等，有时会被省略

上图标识型号为"3DK12A"，"3"表示晶体三极管，"D"表示硅材料、NPN型，"K"表示开关管，"12"表示其序号，"A"表示规格号。通过识读可知，该晶体三极管为NPN型硅材料开关管。
国产三极管型号中不同字母的含义见表5-1所列。

表5-1　国产三极管型号中不同字母代表的含义

材料的极性符号	含义	材料的极性符号	含义
A	锗材料、PNP型	D	硅材料、NPN型
B	锗材料、NPN型	E	化合物材料
C	硅材料、PNP型		
类型符号	含义	类型符号	含义
G	高频小功率管	K	开关管
X	低频小功率管	V	微波管
A	高频大功率管	B	雪崩管
D	低频大功率管	J	阶跃恢复管
T	闸流管	U	光敏管（光电管）

❷ 日本产三极管参数的识读

日本生产的晶体三极管的型号是由7个部分构成的，通常只会用到前5个部分，包括有效极性、代号、材料/类型、顺序号和规格号。

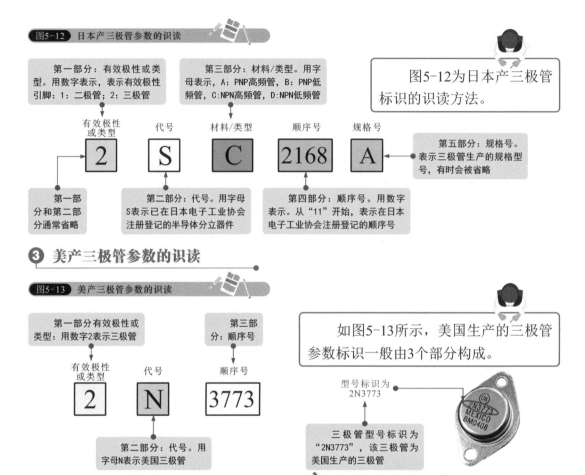

图5-12 日本产三极管参数的识读

第一部分：有效极性或类型。用数字表示，表示有效性引脚：1：二极管；2：三极管

第三部分：材料/类型。用字母表示，A：PNP高频管，B：PNP低频管，C：NPN高频管，D：NPN低频管

图5-12为日本产三极管标识的识读方法。

有效极性或类型　代号　材料/类型　顺序号　规格号

2　S　C　2168　A

第五部分：规格号。表示三极管生产的规格型号，有时会被省略

第一部分和第二部分通常省略

第二部分：代号。用字母S表示已在日本电子工业协会注册登记的半导体分立器件

第四部分：顺序号。用数字表示。从"11"开始，表示在日本电子工业协会注册登记的顺序号

❸ 美产三极管参数的识读

图5-13 美产三极管参数的识读

第一部分有效极性或类型：用数字2表示三极管

第三部分：顺序号

如图5-13所示，美国生产的三极管参数标识一般由3个部分构成。

有效极性或类型　代号　顺序号

2　N　3773

型号标识为2N3773

第二部分：代号。用字母N表示美国三极管

三极管型号标识为"2N3773"，该三极管为美国生产的三极管

5.2.2 三极管的选用代换

当实际应用中，三极管因环境等因素影响，有损坏、失效的情况时，需要选择可替代的三极管进行代换，以恢复电路功能。

图5-14 典型高频三极管的选用代换案例

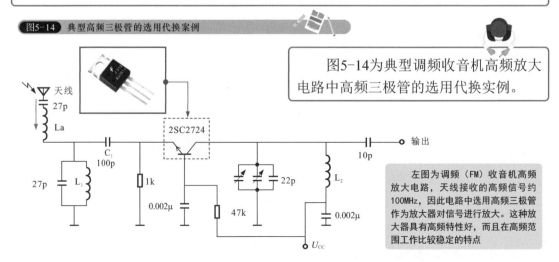

图5-14为典型调频收音机高频放大电路中高频三极管的选用代换实例。

天线　27p　La　2SC2724　输出　10p
27p　L₁　C₁ 100p　1k　0.002μ　47k　22p　L₂　0.002μ
Ucc

左图为调频（FM）收音机高频放大电路，天线接收的高频信号约100MHz，因此电路中选用高频三极管作为放大器对信号进行放大。这种放大器具有高频特性好，而且在高频范围工作比较稳定的特点

电路中选用了三极管2SC2724，是日本产的有两个PN结的NPN型三极管。天线接收天空中的信号后，分别经LC组成的串联谐振电路和LC并联谐振电路调谐后输出所需的高频信号，经耦合电容C₁后送入三极管的发射极，由三极管2SC2724放大。在集电极输出电路中设有LC谐振电路，它与高频输入信号谐振起选频作用。在代换时应注意三极管的类型和型号，所选择三极管必须为同类型。

三极管是电子设备中应用最广泛的元器件之一。损坏时，尽量选用型号、类型完全相同的三极管代换，或选择各种参数能够与应用电路或场合相匹配的三极管代换。

在选用三极管时，在能满足整机要求放大参数的前提下，不要选用直流放大系数h_{EF}过大的三极管，以防产生自激；选用三极管需要注意区分NPN型还是PNP型；根据使用场合和电路性能，选用合适类型的三极管。例如，应用于前置放大电路的三极管，多选用放大倍数β较大的三极管；集电极最大允许电流I_{cm}应大于2～3倍三极管的工作电流；集电极与发射极反向击穿电压（VB_{CEO}）应至少大于等于电源电压；集电极最大允许耗散功率（P_{cm}）应至少大于等于电路的输出功率（P_o）。选用三极管的特征频率f_t应满足$f_t \geqslant 3f$（工作频率）；如中波收音机振荡器的最高频率为2MHz左右，选用三极管的特征频率应不低于6MHz；调频收音机的最高振荡频率为120MHz左右，则选用三极管的特征频率不应低于360MHz；电视机中VHF频段的最高振荡频率为250MHz左右，则选用三极管的特征频率不应低于750MHz。

不同种类三极管内部的参数有所差异。代换时，应尽量选用同型号三极管进行代换，有些型号的三极管若代换时无法找到同型号的，也可用其他型号进行代换，见表5-2所列。

表5-2 常用三极管的替换型号

型号	类型	I_{cm}/A	VB_{CEO}/V	替换型号
3DG9011	NPN	0.3	50	2N4124、CS9011、JE9011
9011	NPN	0.1	50	LM9011、SS9011
9012	PNP	0.5	25	LM9012
9013	NPN	0.5	40	LM9013
3DG9013	NPN	0.5	40	CS9013、JE9013
9013LT1	NPN	0.5	40	C3265
9014	NPN	0.1	50	LM9014、SS9014
9015	PNP	0.1	50	LM9015、SS9015
TEC9015	PNP	0.15	50	BC557、2N3906
9016	NPN	0.25	30	SS9016
3DG9016	NPN	0.025	30	JE9016
8050	NPN	1.5	40	SS8050
8050LT1	NPN	1.5	40	KA3265
ED8050	NPN	0.8	50	BC337
8550	PNP	15	40	LM8550、SS8550
SDT85501	PNP	10	60	3DK104C
SDT85502	PNP	10	80	3DK104D
8550LT1	PNP	1.5	40	KA3265
2SA1015	PNP	0.15	50	BC117、BC204、BC212、BC213、BC251、BC257、BC307、BC512、BC557、CG1015、CG673
2SC1815	NPN	0.15	60	BC174、BC182、BC184、BC190、BC384、BC414、BC546、DG458、DG1815

表5-2 常用三极管的替换型号（续）

型号	类型	I_{cm}/A	VB_{CEO}/V	替换型号
2SC945	NPN	0.1	50	BC107、BC171、BC174、BC182、BC183、BC190、BC207、BC237、BC382、BC546、BC547、BC582、DG945、2N2220、2N2221、2N2222、3DG120B、3DG4312
2SA733	NPN	0.1	50	BC177、BC204、BC212、BC213、BC251、BC257、BC307、BC513、BC557、3CG120C、3CG4312
2SC3356	NPN	0.1	20	2SC3513、2SC3606、2SC3829
2SC3838K	NPN	0.1	20	BF517、BF799、2SC3015、2SC3016、2SC3161
BC807	PNP	0.5	45	BC338、BC537、BC635、3DK14B
BC817	NPN	0.5	45	BCX19、BCW65、BCX66
BC846	NPN	0.1	65	BCV71、BCV72
BC847	NPN	0.1	45	BCW71、BCW72、BCW81
BC848	NPN	0.1	30	BCW31、BCW32、BCW33、BCW71、BCW72、BCW81
BC848-W	NPN	0.1	30	BCW31、BCW32、BCW33、BCW71、BCW72、BCW81、2SC4101、2SC4102、2SC4117
BC856	PNP	0.1	50	BCW89
BC856-W	PNP	0.1	50	BCW89、2SA1507、2SA1527
BC857	PNP	0.1	50	BCW69、BCW70、BCW89
BC857-W	PNP	0.1	50	BCW69、BCW70、BCE89、2SA1507、2SA1527
BC858	PNP	0.1	30	BCW29、BCW30、BCW69、BCW70、BCW89
BC858-W	PNP	0.1	30	BCW29、BCW30、BCW69、BCW70、BCW89、2SA1507、2SA1527
MMBT3904	NPN	0.1	60	BCW72、3DG120C
MMBT3906	PNP	0.2	60	BCW70、3DG120C
MMBT2222	NPN	0.6	60	BCX19、3DG120C
MMBT2222A	NPN	0.6	60	3DK10C
MMBT5401	PNP	0.5	150	3CA3F
MMBTA92	PNP	0.1	300	3CG180H
MMUN2111	NPN	0.1	50	UN2111
MMUN2112	NPN	0.1	50	UN2112
MMUN2113	NPN	0.1	50	UN2113
MMUN2211	NPN	0.1	50	UN2211
MMUN2212	NPN	0.1	50	UN2212
MMUN2213	NPN	0.1	50	UN2213
UN2111	NPN	0.1	50	FN1A4M、DTA114EK、RN2402、2SA1344
UN2112	NPN	0.1	50	FN1F4M、DTA124EK、RN2403、2SA1342
UN2113	NPN	0.1	50	FN1L4M、DTA144EK、RN2404、2SA1341
UN2211	NPN	0.1	50	DTC114EK、FA1A4M、RN1402、2SC3398
UN2212	NPN	0.1	50	DTC124EK、FA1F4M、RN1403、2SC3396
UN2213	NPN	0.1	50	DTC144EK、FA1L4M、RN1404、2SC3395

5.3 三极管的检测方法

5.3.1 NPN型三极管性能的检测判别方法

判断NPN型三极管的好坏可以使用万用表的欧姆挡，分别检测NPN型三极管三只引脚中两两之间的电阻值，根据检测结果判断出NPN型三极管的好坏。

图5-15 NPN型三极管性能好坏的检测和判断方法

如图5-15所示，在检测前先根据待测三极管上的型号标识查询半导体器件手册确认待测三极管的各引脚功能，然后再开始检测。

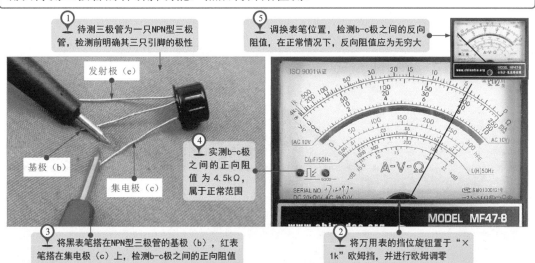

① 待测三极管为一只NPN三极管，检测前明确其三只引脚的极性

发射极（e）

基极（b）

集电极（c）

⑤ 调换表笔位置，检测b-c极之间的反向阻值，在正常情况下，反向阻值应为无穷大

④ 实测b-c极之间的正向阻值为4.5kΩ，属于正常范围

③ 将黑表笔搭在NPN型三极管的基极（b），红表笔搭在集电极（c）上，检测b-c极之间的正向阻值

② 将万用表的挡位旋钮置于"×1k"欧姆挡，并进行欧姆调零

MODEL MF47-8

NPN型三极管另外两组引脚间的正反向阻值检测方法与上述操作相同。通常，NPN型三极管基极与集电极之间有一定的正向阻值，反向阻抗为无穷大；基极与发射极之间有一定的正向阻值，反向阻值为无穷大；集电极与发射极之间的正、反向阻值均为无穷大。

图5-16 NPN型三极管性能好坏判断机理

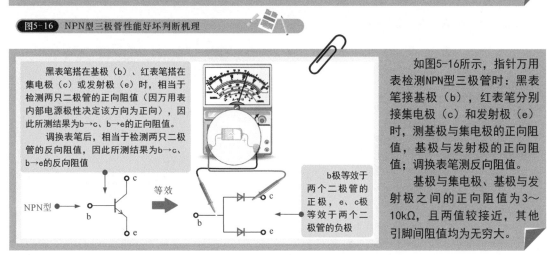

黑表笔搭在基极（b）、红表笔搭在集电极（c）或发射极（e）时，相当于检测两只二极管的正向阻值（因万用表内部电源极性决定该方向为正向），因此所测结果为b→c、b→e的正向阻值。

调换表笔后，相当于检测两只二极管的反向阻值，因此所测结果为b→c、b→e的反向阻值

NPN型 → 等效 → b极等效于两个二极管的正极，e、c极等效于两个二极管的负极

如图5-16所示，指针万用表检测NPN型三极管时：黑表笔接基极（b），红表笔分别接集电极（c）和发射极（e）时，测基极与集电极的正向阻值，基极与发射极的正向阻值；调换表笔测反向阻值。

基极与集电极、基极与发射极之间的正向阻值为3～10kΩ，且两值较接近，其他引脚间阻值均为无穷大。

5.3.2　PNP型三极管性能的检测判别方法

图5-17　PNP型三极管性能好坏的检测和判断方法

　　如图5-17所示，判别PNP型三极管好坏的方法与NPN型三极管的方法相同，也是通过万用表检测三极管引脚阻值的方法进行判断，不同的是，万用表的红、黑表笔搭接PNP型三极管时正、反向阻值方向不同。

① 待测三极管为一只PNP型三极管，检测前明确其三只引脚的极性

⑤ 调换表笔测得基极与集电极之间的反向阻值为无穷大

④ 万用表实测得基极与集电极之间的正向阻值为7kΩ

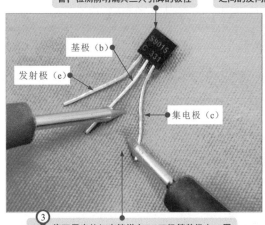

基极（b）
发射极（e）
集电极（c）

③ 将万用表的红表笔搭接在PNP三极管基极上，黑表笔分别搭在集电极和发射极，检测正向阻值

② 将万用表的挡位旋钮置于"×1k"欧姆挡，并进行欧姆调零

　　黑表笔搭在PNP型三极管的集电极（c）上，红表笔搭在基极（b）上，检测b与c之间的正向阻值为7×1kΩ＝7kΩ；对换表笔后，测得反向阻值为无穷大。

　　黑表笔搭在PNP型三极管的发射极（e）上，红表笔搭在基极（b）上，检测b与e之间的正向阻值为7.5×1kΩ＝7.5kΩ；对换表笔后，测得反向阻值为无穷大。

　　红、黑表笔分别搭在PNP型三极管的集电极（c）和发射极（e）上，检测c与e之间的正、反向阻值均为无穷大。

图5-18　PNP型三极管性能好坏判断机理

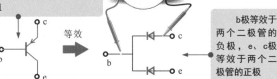

红表笔搭在基极（b）、黑表笔搭在集电极（c）或发射极（e）时，相当于检测两只二极管的正向阻值（因万用表内部电源极性决定该方向为正），因此所测结果为b→c、b→e的正向阻值。

调换表笔后，相当于检测两只二极管的反向阻值，因此所测结果为b→c、b→e的反向阻值

等效

b极等效于两个二极管的负极，e、c极等效于两个二极管的正极

　　如图5-18所示，指针万用表检测PNP型三极管时：红表笔接基极（b），黑表笔分别接集电极（c）和发射极（e）时，测基极与集电极的正向阻值，基极与发射极的正向阻值；调换表笔测反向阻值。

　　基极与集电极、基极与发射极之间的正向阻值为3～8kΩ，且两值较接近，其他引脚间阻值均为无穷大。

5.3.3 三极管放大倍数的检测方法

图5-19 三极管放大倍数的检测方法

如图5-19所示，三极管的放大倍数是三极管的重要参数，可借助万用表检测三极管的放大倍数，判断三极管的放大性能是否正常。

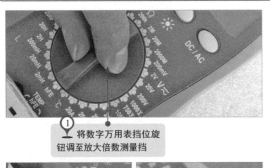

① 将数字万用表挡位旋钮调至放大倍数测量挡

⑤ 观察数字万用表显示屏，实测该三极管放大倍数 h_{FE} 为80

② 在数字万用表相应插孔中安装附加测试器

③ 将待测三极管插入附加测试器对应插孔中

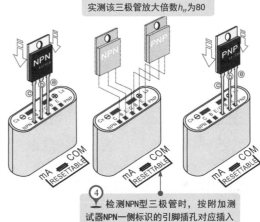

④ 检测NPN型三极管时，按附加测试器NPN一侧标识的引脚插孔对应插入

5.3.4 三极管特性曲线的检测方法

使用万用表检测三极管引脚间的阻值，只能用于大致判断三极管的好坏，若要了解一些具体特性参数，需要使用专用的半导体特性图示仪测试其特性曲线。

图5-20 三极管特性曲线的检测方法

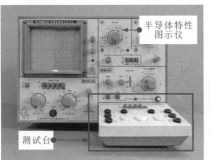
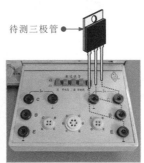

半导体特性图示仪

待测三极管

测试台

如图5-20所示，根据待测三极管确定半导体特性图示仪旋钮、按键设定范围，将待测三极管按照极性插接到半导体特性图示仪检测插孔中，屏幕上即可显示相应的特性曲线。

图5-20 三极管特性曲线的检测方法（续）

① 调节半导体特性图示仪的光点清晰度，使显示效果最佳

② 将半导体特性图示仪的峰值电压范围设定在0～10V挡

③ 将集电极电源极性设定为正极

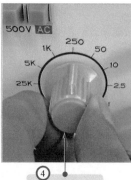

④ 将功耗电阻设定为250Ω

⑤ X轴选择开关设定在1V/度

⑥ Y轴选择开关设定在1mA/度

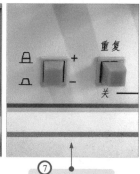

⑦ 将极性按键设置为正极

⑧ 将阶梯信号设定在10μA/级

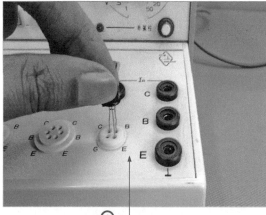

⑨ 将极性按键设置为正极

⑩ 缓慢增大峰值电压，使屏幕上显示出清晰、完整的特性曲线

　　根据3DK9型三极管的参数将半导体特性图示仪峰值电压范围设定在0～10V、集电极电源极性设为正极、功耗电阻为250Ω、X轴选择开关设定在1V/度、Y轴设定在1mA/度、极性设置为正极、阶梯信号设定在10μA/级。

　　设定完成后，将三极管3DK9按极性插入到检测插孔中，缓慢增大峰值电压，屏幕上便会显示出特性曲线。

图5-21 三极管特性曲线中信息的识读

　　如图5-21所示，将检测出的特性曲线与三极管技术手册上的曲线对比，即可确定三极管的性能是否良好，此外根据特性曲线也能计算出该三极管的放大倍数。读出 X 轴集电极电压 U_{ce}=1V时，最上面一条曲线的 I_b 值和 Y 轴 I_c 值，两者的比值即为放大倍数。

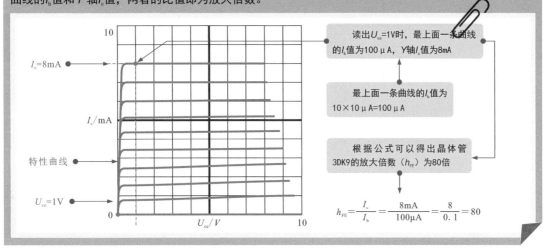

读出 U_{ce}=1V时，最上面一条曲线的 I_b 值为100μA，Y轴 I_c 值为8mA

最上面一条曲线的 I_b 值为 10×10μA=100μA

根据公式可以得出晶体管3DK9的放大倍数（h_{FE}）为80倍

$$h_{FE}=\frac{I_c}{I_b}=\frac{8mA}{100\mu A}=\frac{8}{0.1}=80$$

图5-22 三极管特性曲线技术资料

　　使用半导体特性图示仪检测前，需要根据待测三极管的型号，查找技术手册上的参数确定仪器旋钮、按键的设定范围，以便能够检测出正确的特性曲线。

　　如图5-22所示，NPN型三极管与PNP型三极管性能（特性曲线）的检测方法相同，只是两种类型三极管的特性曲线正好相反。

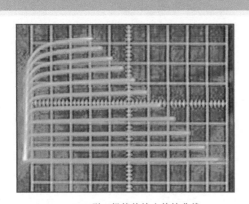
NPN型三极管的输出特性曲线

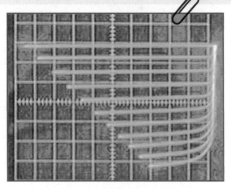
PNP型三极管的输出特性曲线

5.3.5　三极管引脚极性的检测方法

　　在检测三极管时，若无法确定待测三极管各引脚的极性，可借助万用表检测三极管各引脚阻值的方法，并根据测量结果和引脚间阻值规律，判别待测三极管各引脚的极性。

图5-23 三极管引脚极性的检测和判别方法

如图5-23所示，待测三极管只知道是NPN型三极管，其引脚极性不明，在判别引脚极性时，需要先假设一个引脚为基极（b），通过万用表确认基极（b）的位置，然后对集电极和发射极的位置进行判断。

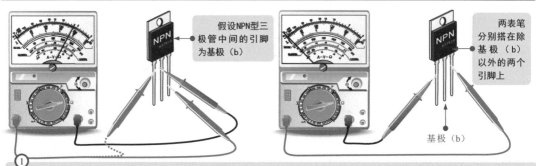

假设NPN型三极管中间的引脚为基极（b）

两表笔分别搭在除基极（b）以外的两个引脚上

基极（b）

① 先假设一个引脚为基极（b），以该引脚为中心，使用万用表检测与其他引脚之间的正向阻抗。通常，NPN型三极管基极与其他两引脚之间的正向阻值较小，因此若两次测量结果都是较小数值，则说明假设引脚确实为基极（b）

（a）检测判别三极管基极（b）的方法

基极（b）

② 万用表表笔保持不动，用手指接触基极（b）和假设的集电极（c），相当于给NPN型三极管的基极加一个偏压，当基极有电流送入时，集电极与发射极之间的阻值便会减小，变化量记为R_1（一般正向阻值下降较多，反向阻值下降较少）

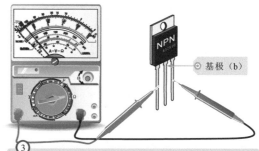

基极（b）

③ 调换万用表表笔。用手指接触基极（b）和假设的发射极（e），当NPN型三极管的基极有电流送入时，集电极与发射极之间阻值便会减小，变化量记为R_2（一般正向阻值下降较多，反向阻值下降较少）

（b）检测判别三极管集电极（c）和发射极（e）的方法

若检测结果$R_1>R_2$，测得R_1时，万用表黑表笔所搭引脚为集电极，红表笔所搭引脚为发射极；测得R_2时，万用表黑表笔所搭引脚为发射极，红表笔所搭引脚为集电极。

图5-24 NPN型三极管引脚极性判别机理

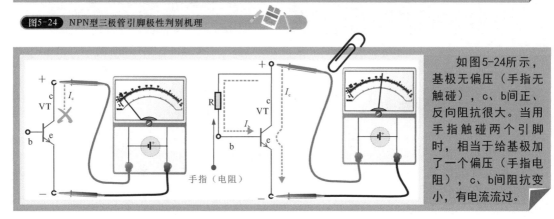

如图5-24所示，基极无偏压（手指无触碰），c、b间正、反向阻抗很大。当用手指触碰两个引脚时，相当于给基极加了一个偏压（手指电阻），c、b间阻抗变小，有电流流过。

第6章
场效应晶体管的识别、检测与应用

6.1 场效应晶体管的种类特点与功能应用

6.1.1 场效应晶体管的种类特点

场效应晶体管（Field-Effect Transistor）简称FET，是一种典型的电压控制型半导体器件，具有输入阻抗高、噪声小、热稳定性好、容易被静电击穿等特点。

图6-1 几种常见场效应晶体管的实物外形

图6-1为几种常见场效应晶体管的实物外形。场效应晶体管也是一种具有PN结结构的半导体器件。

结型场效应晶体管
（塑料封装）

结型场效应晶体管
（金属封装）

绝缘栅型场效应
晶体管（塑料封装）

绝缘栅型场效应晶体管
（贴片式）

场效应晶体管
（金属封装）

场效应晶体管一般具有3个极，即栅极G、源极S和漏极D，其功能分别对应三极管的基极b、发射极e和集电极c。场效应晶体管的源极S和漏极D在结构上是对称的，在实际使用过程中有一些可以互换。

场效应晶体管按其结构不同分为两大类，即结型场效应晶体管（JFET）和绝缘栅型场效应晶体管（MOSFET）。

① 结型场效应晶体管（JFET）

图6-2 结型场效应晶体管的实物外形

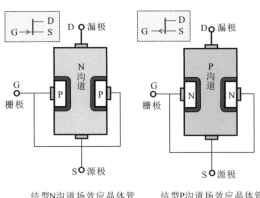
结型N沟道场效应晶体管　　结型P沟道场效应晶体管

如图6-2所示，结型场效应晶体管（JFET）是在一块N型（或P型）半导体材料两边制作P型（或N型）区，从而形成PN结所构成的，根据导电沟道的不同可分为N沟道和P沟道两种。

❷ 绝缘栅型场效应晶体管(MOSFET)

图6-3　绝缘栅型场效应晶体管的实物外形

如图6-3所示，绝缘栅型场效应晶体管（MOSFET）简称MOS场效应晶体管，由金属、氧化物、半导体材料制成，因其栅极与其他电极完全绝缘而得名。

MOS管按其工作状态可分为增强型和耗尽型两种，每种类型按其导电沟道不同又分为N沟道和P沟道两种。

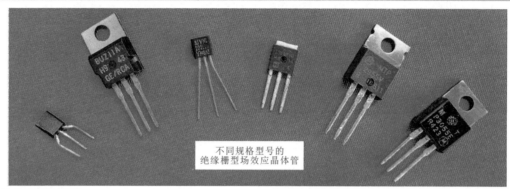

不同规格型号的
绝缘栅型场效应晶体管

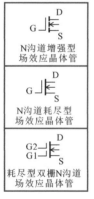

N沟道增强型
场效应晶体管

N沟道耗尽型
场效应晶体管

耗尽型双栅N沟道
场效应晶体管

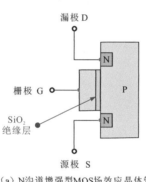

漏极 D

栅极 G

SiO₂
绝缘层

源极 S

（a）N沟道增强型MOS场效应晶体管

P沟道增强型
场效应晶体管

P沟道耗尽型
场效应晶体管

耗尽型双栅P沟道
场效应晶体管

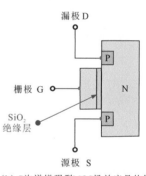

漏极 D

栅极 G

SiO₂
绝缘层

源极 S

（b）P沟道增强型MOS场效应晶体管

增强型MOS场效应晶体管是以P型（N型）硅片作为衬底，在衬底上制作两个含有杂质的N型（P型）材料，其上覆盖很薄的二氧化硅（SiO₂）绝缘层，在两个N型（P型）材料上引出两个铝电极，分别称为漏极（D）和源极（S），在两极中间的二氧化硅绝缘层上制作一层铝质导电层，该导电层为栅极（G）。

图6-4　门控管（IGBT）

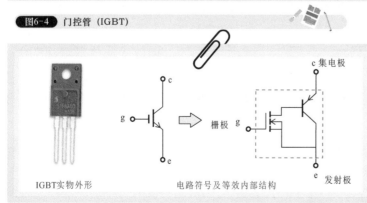

IGBT实物外形　　　　电路符号及等效内部结构

如图6-4所示，有一种绝缘栅双极晶体管（Insulated Gate Bipolar Transistor，简称IGBT）常常被人们误认为是场效应晶体管，这种器件是一种高压、高速的大功率半导体器件。

IGBT并不是场效应晶体管，它是由晶体三极管和场效应晶体管复合构成的。

6.1.2 场效应晶体管的功能应用

场效应晶体管是一种电压控制器件，多应用于各种电压放大电路中。

❶ 结型场效应晶体管的功能应用

图6-5 结型场效应晶体管构成的电压放大电路

如图6-5所示，结型场效应晶体管与三极管相似，可用来制作信号放大器、振荡器和调制器等。由结型场效应晶体管组成的放大器基本结构有3种，即共源极（S）放大器、共栅极（G）放大器和共漏极（D）放大器。

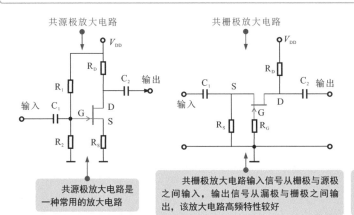

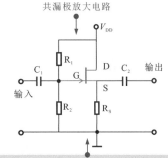

共源极放大电路是一种常用的放大电路

共栅极放大电路输入信号从栅极与源极之间输入，输出信号从漏极与栅极之间输出，该放大电路高频特性较好

共漏极放大电路输入信号从漏极与栅极之间输入，输出信号从源极与漏极之间输出，该电路又称为源极输出器或源极跟随器

图6-6 结型场效应晶体管实现放大功能的基本工作原理

如图6-6所示，结型场效应晶体管是利用沟道两边的耗尽层宽窄，改变沟道导电特性来控制漏极电流实现放大功能的。

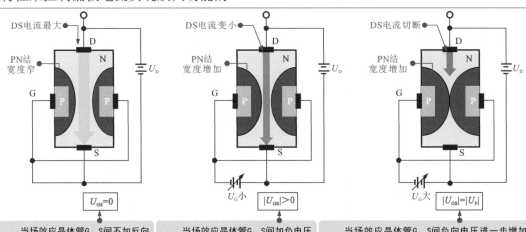

当场效应晶体管G、S间不加反向电压时（即$U_{GS}=0$），PN结的宽度窄，导电沟道宽，沟道电阻小，I_D电流大

当场效应晶体管G、S间加负电压时，PN结的宽度增加，导电沟道宽度减小，沟道电阻增大，I_D电流变小

当场效应晶体管G、S间负向电压进一步增加时，PN结宽度进一步加宽，两边PN结合拢（称夹断），没有导电沟道，即沟道电阻很大，电流I_D为0

图6-7 结型场效应晶体管（N沟道）的特性曲线

图6-7为结型场效应晶体管（N沟道）的特性曲线。

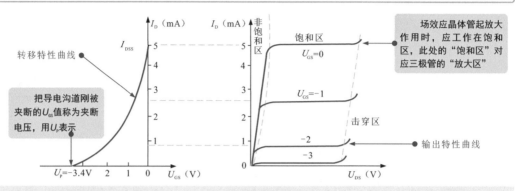

场效应晶体管起放大作用时，应工作在饱和区，此处的"饱和区"对应三极管的"放大区"

转移特性曲线

把导电沟道刚被夹断的U_{GS}值称为夹断电压，用U_P表示

输出特性曲线

N沟道结型场效应管的特性曲线：当场效应晶体管的栅极电压U_{GS}取不同的电压值时，漏极电流I_D将随之改变；当$I_D=0$时，U_{GS}的值为场效应晶体管的夹断电压U_P；当$U_{GS}=0$时，I_D的值为场效应晶体管的饱和漏极电流I_{DSS}。

在U_{GS}一定时，反映I_D与U_{DS}之间的关系曲线为场效应晶体管的输出特性曲线，分为3个区：饱和区、击穿区和非饱和区。

图6-8 结型场效应晶体管的典型应用

图6-8为典型电压放大电路。

结型场效应晶体管常被用于音频放大器的差分输入电路及调制、电压放大、阻抗变换、稳流、限流、自动保护等电路中。

结型场效应晶体管

在该电路中，结型场效应晶体管可实现对输入信号的放大

❷ 绝缘栅型场效应晶体管的功能应用

图6-9 绝缘栅型场效应晶体管构成的电压放大电路

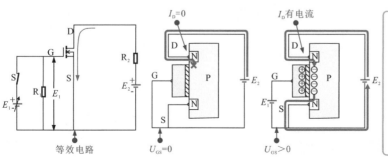

等效电路

$U_{GS}=0$

$U_{GS}>0$

如图6-9所示，绝缘栅型场效应晶体管是利用PN结之间感应电荷的多少，改变沟道导电特性来控制漏极电流实现放大功能的。

· 电源E_2经电阻R_2为漏极供电，电源E_1经开关S为栅极提供偏压。

· 当开关S断开时，G极无电压，D、S极所接的两个N区之间没有导电沟道，所以无法导通，D极电流为零。

· 当开关S闭合时，G极获得正电压，与G极连接的铝电极有正电荷，它产生电场穿过SiO_2层，将P型衬底的很多电子吸引至SiO_2层，形成N型导电沟道（导电沟道的宽窄与电流量的大小成正比），使S、D极之间产生正向电压，电流通过该场效应晶体管。

图6-10 绝缘栅型场效应晶体管（N沟道增强型）的基本特性曲线

图6-10为绝缘栅型场效应晶体管（N沟道增强型）的基本特性曲线。

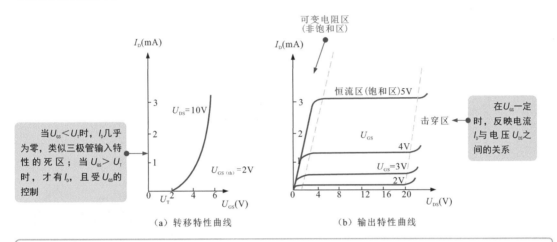

（a）转移特性曲线　　　　　（b）输出特性曲线

绝缘栅型场效应晶体管常被用于音频功率放大，开关电源、逆变器、电源转换器、镇流器、充电器、电动机驱动、继电器驱动等电路中。

图6-11 绝缘栅型场效应晶体管的典型应用

图6-11为绝缘栅型场效应晶体管在收音机高频放大电路中的应用。在收音机高频电路中，绝缘栅型场效应晶体管可实现高频放大的作用。

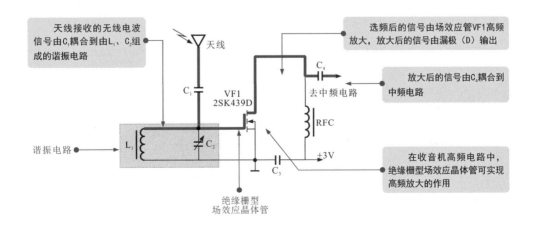

6.2 场效应晶体管的参数识别与选用代换

6.2.1 场效应晶体管的参数识别

通常，二极管的型号参数都采用直标法标注命名。但具体命名规则根据国家、地区及生产厂商的不同而有所区别。

❶ 国产场效应晶体管参数的识读

图6-12 国产场效应晶体管参数的识读方法

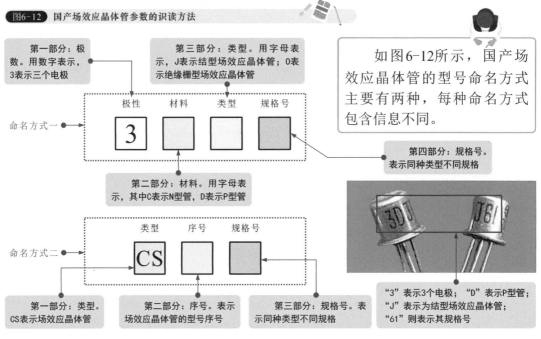

第一部分：极数。用数字表示，3表示三个电极

第三部分：类型。用字母表示，J表示结型场效应晶体管；0表示绝缘栅型场效应晶体管

如图6-12所示，国产场效应晶体管的型号命名方式主要有两种，每种命名方式包含信息不同。

命名方式一

极性	材料	类型	规格号
3			

第四部分：规格号。表示同种类型不同规格

第二部分：材料。用字母表示，其中C表示N型管，D表示P型管

命名方式二

类型	序号	规格号
CS		

第一部分：类型。CS表示场效应晶体管

第二部分：序号。表示场效应晶体管的型号序号

第三部分：规格号。表示同种类型不同规格

"3"表示3个电极；"D"表示P型管；"J"表示为结型场效应晶体管；"61"则表示其规格号

❷ 日本产场效应晶体管参数的识读

图6-13 日本产场效应晶体管参数的识读方法

如图6-13所示，日本产场效应晶体管型号的命名方式与国产场效应晶体管有所不同，通常日本产场效应晶体管的型号命名主要由5部分组成。

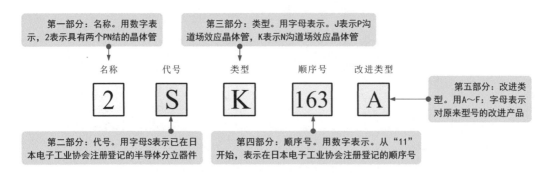

第一部分：名称。用数字表示，2表示具有两个PN结的晶体管

第三部分：类型。用字母表示。J表示P沟道场效应晶体管，K表示N沟道场效应晶体管

名称	代号	类型	顺序号	改进类型
2	S	K	163	A

第五部分：改进类型。用A～F：字母表示对原来型号的改进产品

第二部分：代号。用字母S表示已在日本电子工业协会注册登记的半导体分立器件

第四部分：顺序号。用数字表示。从"11"开始，表示在日本电子工业协会注册登记的顺序号

图6-14 典型日本产场效应晶体管的型号标识

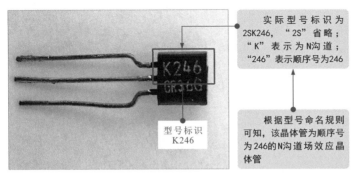

实际型号标识为2SK246，"2S"省略；"K"表示为N沟道；"246"表示顺序号为246

型号标识 K246

根据型号命名规则可知，该晶体管为顺序号为246的N沟道场效应晶体管

图6-14为典型日本产场效应晶体管的实物外形，该场效应晶体管的型号标识为"K246"，根据日本产场效应晶体管型号命名方式进行识读，该场效应晶体管为N沟道场效应晶体管。

❸ 其他厂家生产场效应晶体管参数的识读

图6-15 其他厂家生产场效应晶体管参数的识读

前缀：用字母表示，对场效应晶体管进行区分

沟道类型：N表示N沟道，P表示P沟道

编码：表示器件编码等

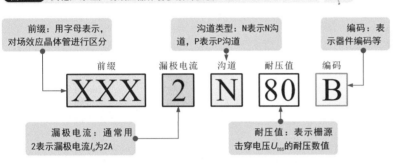

前缀　漏极电流　沟道　耐压值　编码

$$XXX \quad 2 \quad N \quad 80 \quad B$$

漏极电流：通常用2表示漏极电流I_d为2A

耐压值：表示栅源击穿电压U_{DSS}的耐压数值

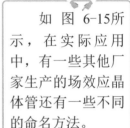

如图6-15所示，在实际应用中，有一些其他厂家生产的场效应晶体管还有一些不同的命名方法。

场效应晶体管的主要参数：

◆ 夹断电压U_P　在结型场效应管（或耗尽型绝缘栅管）中，当栅源间反向偏压U_{GS}足够大时，沟道两边的耗尽层充分地扩展，并会使沟道"堵塞"，即夹断沟道（$I_{DS} \approx 0$），此时的栅源电压，称为夹断电压。通常U_P的值为1～5V。

◆ 开启电压U_T　在增强型绝缘栅场效应管中，当U_{DS}为某一固定数值时，使沟道可以将漏、源极连通起来的最小U_{GS}即为开启电压。

◆ 饱和漏电流I_{DSS}　在耗尽型场效应管中，当栅源间电压$U_{GS}=0$，漏源电压U_{DS}足够大时，漏极电流的饱和值，称为饱和漏电流。

◆ 直流输入电阻R_{GS}　在场效应管输入端即栅源之间所加电压U_{GS}与栅极电流之比值，称为直流输入电阻R_{GS}。它的阻值可达$10^9 M\Omega$，高输入阻抗是它的一大特点。

◆ 漏源击穿电压$U_{(BR)DSS}$　在场效应管中，当栅源电压U_{GS}一定时，在增加漏源电压的过程中，使漏电流I_D开始急剧增加时的漏源电压，称为漏源击穿电压$U_{(BR)DSS}$。

◆ 栅源击穿电压$U_{(BR)GSS}$　在结型场效应管中，反向饱和电流急剧增加时的栅源电压（将反向偏置电压加到栅极和源极之间时），称为栅源击穿电压$U_{(BR)GSS}$。

◆ 跨导g_m　在漏源电压U_{DS}一定时，漏电流I_D的微小变化量ΔI_D与引起这一变化量的栅源电压的微小变化量ΔU_{GS}之比，称为跨导g_m。它能表征栅源电压对漏极电流的控制能力。

◆ 漏源动态内阻r_{DS}　当U_{GS}一定时，U_{GS}的微小变化量ΔU_{GS}与相应的I_D的变化量ΔI_D之比，称为漏源动态内阻r_{DS}。

◆ 极间电容　场效应管的3个电极间都存在着极间电容，即栅源电容C_{GS}、栅漏电容C_{GD}和漏源电容C_{DS}。通常C_{GS}、C_{GD}电容值为1～3pF；C_{DS}电容值为0.1～1pF。在超高频电路中要考虑极间电容的影响。

6.2.2　场效应晶体管的选用代换

当实际应用中，场效应晶体管因环境等因素影响，有损坏、失效的情况时，需要选择可替代的场效应晶体管进行代换，以恢复电路功能。

❶ 场效应晶体管的代换原则和注意事项

场效应晶体管在代换时要保证代换场效应晶体管规格符合产品要求。在代换过程中，尽量采用最稳妥的代换方式，确保拆装过程安全稳妥，不可造成二次故障，力求代换后的场效应晶体管能够良好、长久、稳定地工作。

◇场效应晶体管的种类比较多，在电路中的工作条件各不相同，代换时要注意类别和型号的差异，不可任意替代。

◇场效应晶体管在保存和检测时应注意防静电，以免击穿。

◇代换时应注意场效应晶体管的电路符号与类型，这对判别场效应晶体管的特点十分重要。

场效应晶体管的种类和型号较多，不同种类的场效应晶体管的参数也不一样，因此电路中的场效应晶体管出现损坏的现象时，最好选用同型号的场效应晶体管进行代换。不同种类场效应晶体管的适用电路和选用注意事项，可参见表6-1所列。

表6-1　场效应晶体管的选用原则

类型	适用电路	选用注意事项
结型场效应晶体管	音频放大器的差分输入电路及调制、放大、阻抗变换、稳压、限流、自动保护等电路	◇选用场效应晶体管时应重点考虑其主要参数应符合电路需求。 ◇对于大功率场效应晶体管选用时应注意其最大耗散功率应达到放大器输出功率的0.5～1倍；漏-源击穿电压应为功放工作电压的2倍以上。 ◇场效应晶体管的高度、尺寸应符合电路需求。 ◇结型场效应晶体管的源极和漏极可以互换。 ◇对于音频功率放大器推挽输出用MOS大功率场效应晶体管时，要求两管的各项参数要配对
MOS场效应晶体管	音频功率放大、开关电源、逆变器、电源转换器、镇流器、充电器、电动机驱动、继电器驱动等电路	
双栅型场效应晶体管	彩色电视机的高频调谐器电路、半导体收音机的变频器等高频电路	

❷ 场效应晶体管的代换方法

由于场效应管的形态各异，安装方式也不相同，因此在对场效应管进行代换时一定要注意方法。要根据电路特点以及场效应管自身特性来选择正确、稳妥的代换方法。通常，场效应管都是采用焊装的形式固定在电路板上，从焊装的形式上看，主要可以分为插接焊装和表面贴装两种形式。

代换场效应晶体管分为拆卸和焊装两个环节。拆卸场效应晶体管之前，应首先对操作环境进行检查，确保操作环境的干燥、整洁，确保操作平台稳固、平整，确保待检修电路板（或设备）处于断电、冷却状态。

由于场效应晶体管比较容易击穿，在进行操作前，操作者应对自身进行放电，最好在带有防静电手环的环境下进行操作。

图6-16 插接焊装场效应晶体管的代换方法

如图6-16所示,对插接焊装的场效应管进行代换时,应采用电烙铁、吸锡器和焊锡丝进行拆焊和安装操作。对电烙铁通电预热后,再配合吸锡器、焊锡丝等进行拆焊和焊接操作。

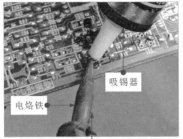

① 用电烙铁加热场效应晶体管路引脚焊点并用吸锡器吸走熔化的焊锡

② 用电烙铁加热场效应晶体管引脚焊点的同时用镊子取下场效应晶体管

③ 用镊子从电路板上取下场效应晶体管

④ 使用同样的方法将场效应晶体管其余引脚进行焊接固定

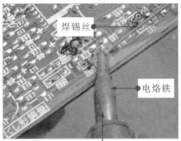

⑤ 使用电烙铁将焊锡丝熔化在场效应晶体管的引脚上,待熔化后先抽离焊锡丝再抽离电烙铁,完成直插焊装场效应晶体管的代换

图6-17 表面贴装场效应晶体管的代换方法

① 使用热风焊枪加热贴片场效应管的引脚,使焊锡全部熔化

如图6-17所示,代换表面贴装的场效应晶体管,则需使用热风焊枪、镊子等。将热风焊枪的温度调节旋钮调至4~5挡,将风速调节旋钮调至2~3挡,打开电源开关进行预热,然后再进行拆焊和焊装的操作。

② 待焊锡熔化后,用镊子取下场效应管

③ 将新场效应管对准电路板上的焊点,并用镊子固定在电路板上

④ 用热风焊枪加热场效应管引脚焊点,并用镊子按住,待焊锡熔化后移开热风枪即可

6.3 场效应晶体管的检测方法

场效应晶体管是一种常见电压控制器件，由于其易被静电击穿损坏，原则上不能用万用表直接检测各引脚之间的正、反向阻值，可以在电路板上在路检测，或根据其在电路中的功能，搭建相应的电路，然后进行检测。

6.3.1 场效应晶体管放大特性的检测方法

图6-18 搭建电路测试效应晶体管的驱动放大特性

图6-18为场效应晶体管作为驱动放大器件的测试电路。图中发光二极管是被驱动器件。场效应晶体管VF作为控制器件。场效应晶体管D-S之间的电流受栅极G电压的控制，其特性如图所示。

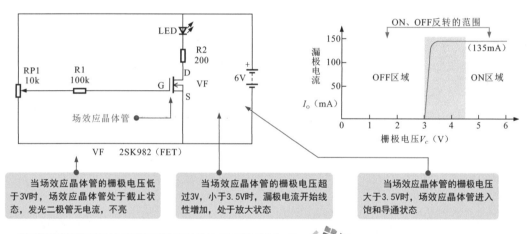

图6-19 场效应晶体管驱动放大性能的检测

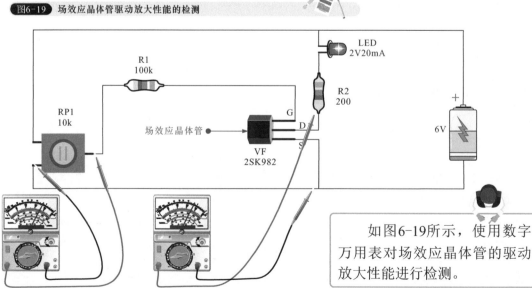

如图6-19所示，使用数字万用表对场效应晶体管的驱动放大性能进行检测。

电路中RP1的动片经R1为场效应晶体管栅极提供电压，微调RP1，分别输出低于3V、3～3.5V、高于3.5V几种电压，用数字万用表检测场效应晶体管漏极（D）对地的电压，即可了解其导通情况。

同时，观察LED的发光状态。场效应晶体管截止时，LED不亮；场效应晶体管放大时，LED微亮；场效应晶体管饱和导通时，LED全亮。

当场效应晶体管饱和导通时，LED压降为2V，R2压降为4V，电流则为20mA。

6.3.2 场效应晶体管工作状态的检测方法

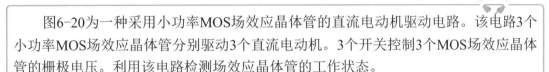

图6-20 搭建电路测试效应晶体管的工作状态

图6-20为一种采用小功率MOS场效应晶体管的直流电动机驱动电路。该电路3个小功率MOS场效应晶体管分别驱动3个直流电动机。3个开关控制3个MOS场效应晶体管的栅极电压。利用该电路检测场效应晶体管的工作状态。

当某一开关接通时，电源5V经电阻分压电路为栅极提供驱动电压。栅极电压上升达3.5V。MOS场效应晶体管饱和导通，电动机得电旋转。若开关断开，栅极电压下降为0V，MOS场效应晶体管截止，电动机断电停转

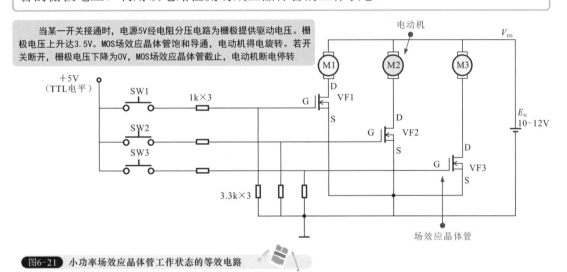

图6-21 小功率场效应晶体管工作状态的等效电路

图6-21为小功率场效应晶体管工作状态的等效电路。

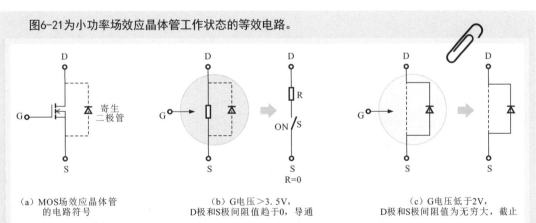

（a）MOS场效应晶体管
的电路符号

（b）G电压＞3.5V，
D极和S极间阻值趋于0，导通

（c）G电压低于2V，
D极和S极间阻值为无穷大，截止

该小功率MOS场效应晶体管漏极和源极之间有一寄生二极管，它对漏极D有反向电压时，有保护作用。场效应晶体管漏极D与源极S之间的阻值受栅极电压的控制。当栅极G电压高于3.5V时，DS间的阻值趋于0，即饱和导通。当栅极G电压低于2V时，DS间的阻值趋于无穷大，相当于断路状态，截止。

图6-22 小功率MOS场效应晶体管的检测电路

如图6-22所示，应用在上述电路中的场效应晶体管检测电路的连接。为了测试方便，电路中可将负载电路取代直流电动机。使用指针万用表分别检测小功率MOS场效应晶体管栅极电压和漏极电压，即可判别小功率MOS场效应晶体管的工作状态是否正常。

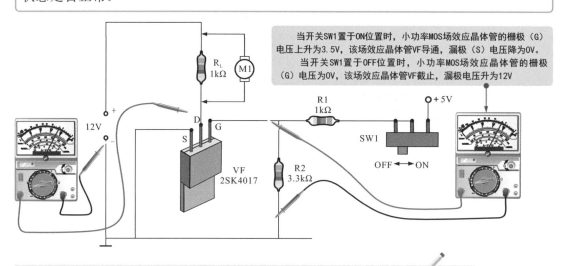

当开关SW1置于ON位置时，小功率MOS场效应晶体管的栅极（G）电压上升为3.5V，该场效应晶体管VF导通，漏极（S）电压降为0V。

当开关SW1置于OFF位置时，小功率MOS场效应晶体管的栅极（G）电压为0V，该场效应晶体管VF截止，漏极电压升为12V

6.3.3 结型场效应晶体管放大能力的检测方法

场效应晶体管的放大能力是其最基本的性能之一。一般可使用指针万用表粗略测量场效应晶体管是否具有放大能力。

图6-23 结型场效应晶体管放大能力的检测方法

如图6-23所示，借助指针万用表粗略检测和判断结型场效应晶体管放大能力。

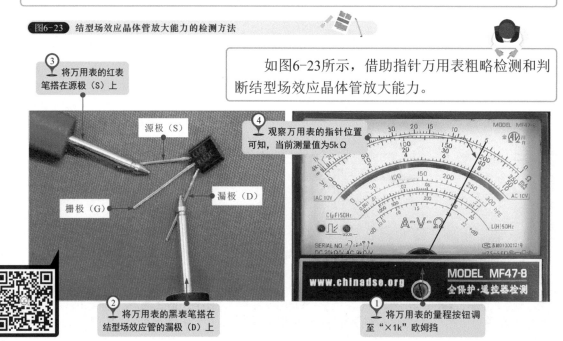

③ 将万用表的红表笔搭在源极（S）上

源极（S）

栅极（G）

漏极（D）

④ 观察万用表的指针位置可知，当前测量值为5kΩ

② 将万用表的黑表笔搭在结型场效应管的漏极（D）上

① 将万用表的量程按钮调至"×1k"欧姆挡

图6-23 结型场效应晶体管放大能力的检测方法（续）

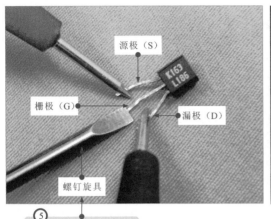

源极（S）

栅极（G）

漏极（D）

螺钉旋具

⑤ 用螺钉旋具接触结型
场效应晶体管的栅极（G）

⑥ 可看到指针产生一个
较大的摆动（向左或向右）

　　在正常情况下，万用表指针摆动的幅度越大，表明结型场效应晶体管的放大能力越好；反之，则表明放大能力越差。若螺钉旋具接触栅极（G）时指针不摆动，则表明结型场效应晶体管已失去放大能力。

　　当测量一次后再次测量，表针可能不动，这也正常，可能是因为在第一次测量时G、S之间结电容积累了电荷。为能够使万用表表针再次摆动，可在测量后短接一下G、S极。

6.3.4　绝缘栅型场效应晶体管放大能力的检测方法

图6-24 绝缘栅型场效应晶体管放大能力的检测方法

　　如图6-24所示，绝缘栅型场效应晶体管放大能力的检测方法与结型场效应晶体管放大能力的检测方法相同。需要注意的是，为避免人体感应电压过高或人体静电使绝缘栅型场效应晶体管击穿，检测时尽量不用手碰触绝缘栅型场效应晶体管的引脚，借助螺钉旋具碰触栅极引脚完成检测。

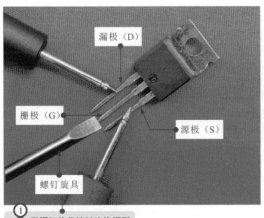

漏极（D）

栅极（G）

源极（S）

螺钉旋具

若万用表指针向左
或向右偏摆说明场效应
晶体管具有放大能力

① 用螺钉旋具接触绝缘栅型
场效应晶体管的栅极（G）

② 可看到指针产生一个较
大的摆动（向左或向右）

第7章
晶闸管的识别、检测与应用

7.1.1　晶闸管的种类特点

晶闸管是晶体闸流管的简称，它是一种可控整流半导体器件，也称为可控硅。

 图7-1 几种常见晶闸管的实物外形

图7-1为几种常见晶闸管的实物外形。电子电路中，常用的晶闸管根据不同分类方式可分为多种类型。

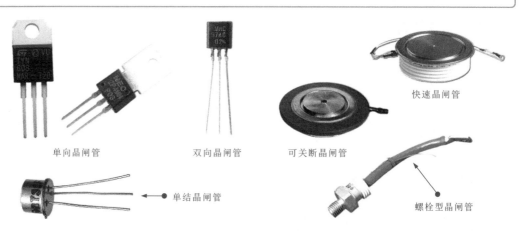

单向晶闸管　　　　双向晶闸管　　　可关断晶闸管

快速晶闸管

单结晶闸管

螺栓型晶闸管

晶闸管的类型较多，分类方式也多种多样，例如：
◇ 按关断、导通及控制方式分类可分为普通单向晶闸管、双向晶闸管、逆导晶闸管、可关断晶闸管、BTG晶闸管、温控晶闸管和光控晶闸管等多种。
◇ 按引脚和极性分类可分为二极晶闸管、三极晶闸管和四极晶闸管。
◇ 按封装形式分类可分为金属封装晶闸管、塑封晶闸管和陶瓷封装晶闸管三种。其中，金属封装晶闸管又分为螺栓型、平板型、圆壳型等多种；塑封晶闸管又分为带散热片型和不带散热片型两种。
◇ 按电流容量分类可分为大功率晶闸管、中功率晶闸管和小功率晶闸管三种。
◇ 按关断速度分类可分为普通晶闸管和快速晶闸管。

① 单向晶闸管

单向晶闸管是指其触发后只允许一个方向的电流流过的半导体器件，相当于一个可控的整流二极管。它是由P-N-P-N共4层3个PN结组成的，广泛应用于可控整流、交流调压、逆变器和开关电源电路中。

图7-2 单向晶闸管的实物外形

单向晶闸管是由P-N-P-N共4层3个PN结组成的

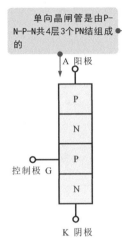

图7-2为单向晶闸管的实物外形。

单向晶闸管（SCR）

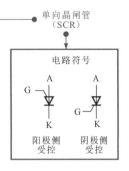

电路符号

阳极侧受控　阴极侧受控

❷ 双向晶闸管

图7-3 双向晶闸管的实物外形

双向晶闸管

如图7-3所示，双向晶闸管又称双向可控硅，属于N-P-N-P-N共5层半导体器件，在结构上相当于两个单向晶闸管反极性并联。

第二电极T₂
控制极G
第一电极T₁

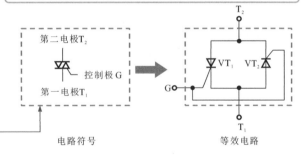

双向晶闸管除控制极G外，另两个电极不再分阳极、阴极，而称之为主电极T₁、T₂

电路符号　　等效电路

❸ 单结晶闸管

图7-4 单结晶闸管的实物外形

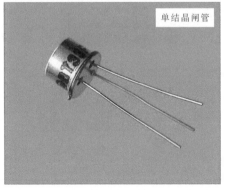

单结晶闸管

（a）N型单结晶闸管

（b）P型单结晶闸管

如图7-4所示，单结晶闸管（UJT）也叫做双基极二极管。从结构功能上类似晶闸管，它是由一个PN结和两个内电阻构成的三端半导体器件，有一个PN结和两个基极。

④ 可关断晶闸管

图7-5 可关断晶闸管的实物外形

如图7-5所示，可关断晶闸管GTO（Gate Turn-Off Thyristor）亦称门控晶闸管、门极关断晶闸管。其主要特点是当门极加负向触发信号时晶闸管能自行关断。

不同规格的可关断晶闸管

可关断晶闸管外形为圆盘形，比较容易识别

可关断晶闸管也属于P-N-P-N四层结构的三端器件，其内部结构与等效电路与普通晶闸管相同

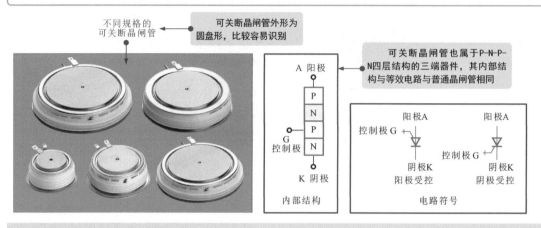

内部结构

电路符号

可关断晶闸管与普通晶闸管的区别：

普通晶闸管靠门极正信号触发之后，撤掉信号亦能维持通态。欲使之关断，必须切断电源，使正向电流低于维持电流I，或施以反向电压强行关断。这就需要增加换向电路，不仅使设备的体积重量增大，而且会降低效率，产生波形失真和噪声。

可关断晶闸管克服了普通晶闸管的上述缺陷，它保留了普通晶闸管耐压高、电流大等优点，具有自关断能力，无需切断电路或外接换向电路使电压换向，使用方便，是理想的高压、大电流开关器件。大功率可关断晶闸管已广泛用于波调速、变频调速、逆变电源等领域。

⑤ 快速晶闸管

图7-6 快速晶闸管的实物外形

如图7-6所示，快速晶闸管是可以在400Hz以上频率工作的晶闸管。其开通时间为4～8μs，关断时间为10～60μs。

不同规格的快速晶闸管

快速晶闸管外形也为圆盘形，比较容易识别

快速晶闸管也是一个P-N-P-N四层结构的三端器件，其符号与普通晶闸管相同。主要用于较高频率的整流、斩波、逆变和变频电路

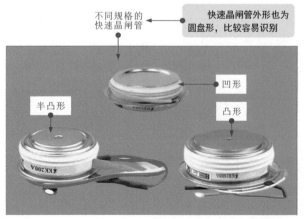

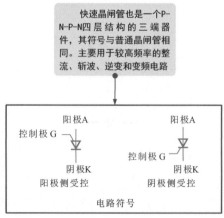

电路符号

6 螺栓型晶闸管

图7-7 螺栓型晶闸管的实物外形

如图7-7所示，螺栓型晶闸管与普通单向晶闸管相同，只是封装形式不同。这种结构只是便于安装在散热片上，工作电流较大的晶闸管多采用这种结构形式。

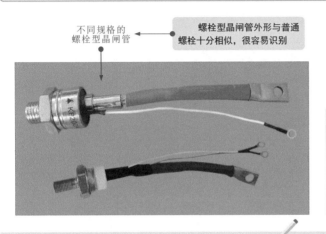

不同规格的螺栓型晶闸管

螺栓型晶闸管外形与普通螺栓十分相似，很容易识别

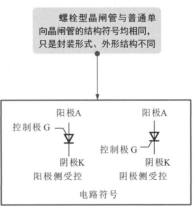

螺栓型晶闸管与普通单向晶闸管的结构符号均相同，只是封装形式、外形结构不同

阳极A　　阳极A
控制极 G　　　　控制极 G
阴极K　　阴极K
阳极侧受控　　阴极侧受控
电路符号

7.1.2　晶闸管的功能应用

晶闸管在一定的电压条件下，只要有一触发脉冲就可导通，触发脉冲消失，晶闸管仍然能维持导通状态，可以微小的功率控制较大的功率，因此，常作为电动机驱动、电动机调速、电量通断、调压、控温等的控制器件，广泛应用于电子电器产品、工业控制及自动化生产领域。

1 单向晶闸管的工作特性和功能应用

图7-8 单向晶闸管的导通与截止阻断特性

单向晶闸管阳极A与阴极K之间加有正向电压，同时控制极G与阴极K间加上所需的正向触发电压时，方可被触发导通；单向晶闸管导通后内阻很小，管压降很低，即使其控制极的触发信号消失，晶闸管仍维持导通状态；只有当触发信号消失，同时阳极A与阴极K之间的正向电压消失或反向时，晶闸管才会阻断截止。

图7-8为单向晶闸管的导通与截止阻断特性。

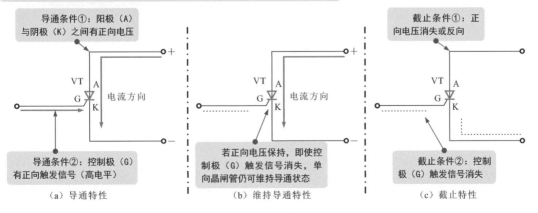

导通条件①：阳极（A）与阴极（K）之间有正向电压

导通条件②：控制极（G）有正向触发信号（高电平）

（a）导通特性

若正向电压保持，即使控制极（G）触发信号消失，单向晶闸管仍可维持导通状态

（b）维持导通特性

截止条件①：正向电压消失或反向

截止条件②：控制极（G）触发信号消失

（c）截止特性

图7-9 单向晶闸管的等效电路及保持导通机理

如图7-9所示，可以将单向晶闸管等效地看成一个PNP型三极管和一个NPN型三极管的交错结构。当给单向晶闸管的阳极（A）加正向电压时，三极管V1和V2都承受正向电压，V2发射极正偏，V1集电极反偏。如果这时在控制极（G）加上较小的正向控制电压U_g（触发信号），则有控制电流I_g送入V1的基极。经过放大，V1的集电极便有$I_{c1}=\beta_1 I_g$的电流流进。

此电流送入V2的基极，经V2放大，V2的集电极便有$I_{c2}=\beta_1\beta_2 I_g$的电流流过。该电流又送入V1的基极，如此反复，两个三极管便很快导通。晶闸管导通后，V1的基极始终有比I_g大得多的电流流过，因而即使触发信号消失，单向晶闸管仍能保持导通状态。

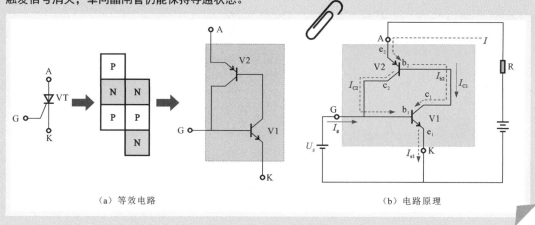

（a）等效电路　　　　　　　　　　（b）电路原理

単向晶闸管被广泛应用于可控整流、交流调压、逆变器和开关电源电路中。

图7-10 单向晶闸管的典型应用

图7-10为一种采用单向晶闸管进行自动控制的报警电路。该电路根据单向晶闸管的导通、截止特性，在电路中作为可控电子开关控制电路接通、断开。

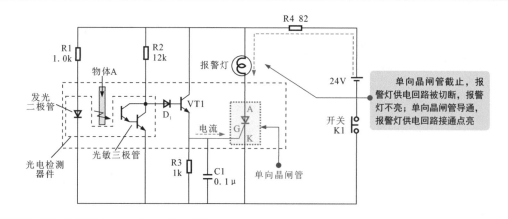

单向晶闸管截止，报警灯供电回路被切断，报警灯不亮；单向晶闸管导通，报警灯供电回路接通点亮

电路中，当A物体阻挡光线时光敏三极管截止，VD1正端电压升高，VT1发射极也电压升高并输出触发信号，于是晶闸管导通，报警灯的电流增加而发光。这种情况即使A物体离开光检测区，晶闸管仍处于导通状态，报警灯保持，直到值班人员听到报警后，手动断开电路开关K1，才能使电路恢复初始等待状态。

❷ 双向晶闸管的工作特性和功能应用

图7-11 双向晶闸管的导通与截止特性

如图7-11所示，双向晶闸管第一电极T_1与第二电极T_2间，无论所加电压极性是正向还是反向，只要控制极G和第一电极T_1间加有正、负极性不同的触发电压，就可触发晶闸管导通，并且失去触发电压，也能继续保持导通状态；当第一电极T_1、第二电极T_2电流减小至小于维持电流或T_1、T_2间的电压极性改变且没有触发电压时，双向晶闸管才会截止，此时只有重新送入触发电压方可导通。

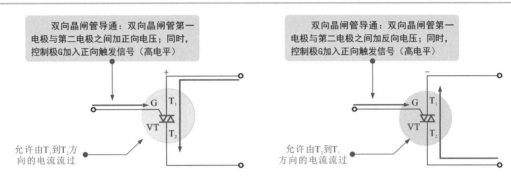

（a）双向晶闸管的导通特性

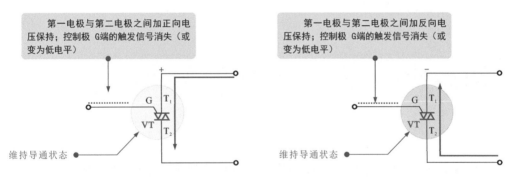

（b）双向晶闸管可维持导通的特性

（c）双向晶闸管的截止条件

根据双向晶闸管的导通特性，该类晶闸管常用在交流电路调节电压、电流，或用作交流无触点开关。

图7-12 双向晶闸管导通与截止特性的典型应用

图7-12为由双向晶闸管构成的洗衣机控制电路。在很多电子或电器产品电路中，常常采用双向晶闸管作为可控电子开关控制或驱动电路的接通、断开。

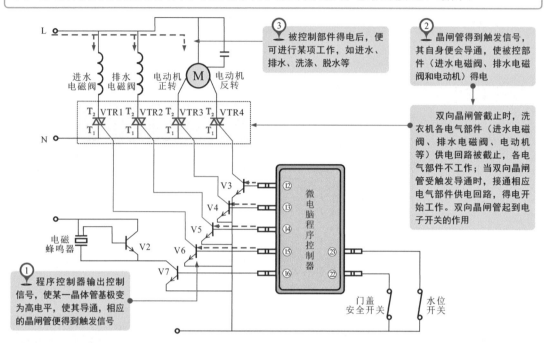

③ 被控制部件得电后，便可进行某项工作，如进水、排水、洗涤、脱水等

② 晶闸管得到触发信号，其自身便会导通，使被控部件（进水电磁阀、排水电磁阀和电动机）得电

双向晶闸管截止时，洗衣机各电气部件（进水电磁阀、排水电磁阀、电动机等）供电回路被截止，各电气部件不工作；当双向晶闸管受触发导通时，接通相应电气部件供电回路，得电开始工作。双向晶闸管起到电子开关的作用

① 程序控制器输出控制信号，使某一晶体管基极变为高电平，使其导通，相应的晶闸管便得到触发信号

7.2 晶闸管的参数识别与选用代换

7.2.1 晶闸管的参数识别

通常，晶闸管的类型、参数等都采用直标法标注在外壳上，具体标识规则根据国家、地区及生产厂商的不同而有所区别。

❶ 国产晶闸管型号参数标识的识读

图7-13 国产晶闸管型号参数标识的识读

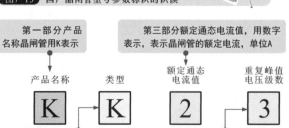

第一部分产品名称晶闸管用K表示

第三部分额定通态电流值，用数字表示，表示晶闸管的额定电流，单位A

第二部分类型。P表示普通反向阻断型；K表示快速反向阻断型；S表示双向型

第四部分重复峰值电压级数，用数字表示，表示晶闸管的额定电压，单位10³V

如图7-13所示，根据我国国家标准规定，晶闸管的型号命名由4个部分构成，每个部分由不同的字符和数字进行标识。

根据国产晶闸管型号命名规则可知，晶闸管型号为"KK23"，它表示的含义为快速反向阻断型晶闸管，额定电流为2A；额定电压为300V。

❷ 国际电子联合会晶闸管（分立式）型号参数标识的识读

图7-14　国际电子联合会晶闸管（分立式）型号参数标识的识读

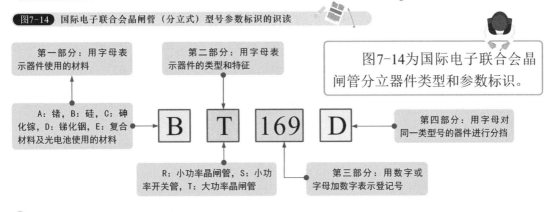

第一部分：用字母表示器件使用的材料

第二部分：用字母表示器件的类型和特征

图7-14为国际电子联合会晶闸管分立器件类型和参数标识。

A：锗，B：硅，C：砷化镓，D：锑化铟，E：复合材料及光电池使用的材料

B T 169 D

第四部分：用字母对同一类型号的器件进行分挡

R：小功率晶闸管，S：小功率开关管，T：大功率晶闸管

第三部分：用数字或字母加数字表示登记号

❸ 晶闸管引脚极性的识别

图7-15　晶闸管引脚极性的识别

如图7-15所示，在常见的几种晶闸管中，快速晶闸管和螺栓型晶闸管的引脚具有很明显的外形特征，可以根据引脚外形特性进行识别。

其中，快速晶闸管中间的金属环引出线为控制极G，平面端为阳极A，另一端为阴极K；螺栓型普通晶闸管的螺栓一端为阳极A，较细的引线端为控制极G，较粗的引线端为阴极K。

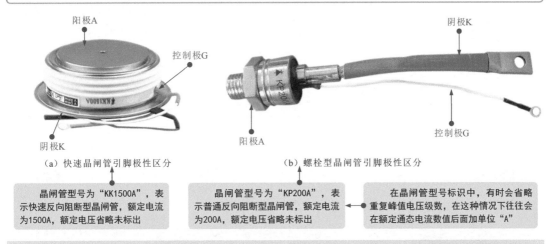

（a）快速晶闸管引脚极性区分

（b）螺栓型晶闸管引脚极性区分

晶闸管型号为"KK1500A"，表示快速反向阻断型晶闸管，额定电流为1500A，额定电压省略未标出

晶闸管型号为"KP200A"，表示普通反向阻断型晶闸管，额定电流为200A，额定电压省略未标出

在晶闸管型号标识中，有时会省略重复峰值电压级数，在这种情况下往往会在额定通态电流数值后面加单位"A"

对于普通单向晶闸管、双向晶闸管等各引脚外形无明显特征的晶闸管，目前主要根据其型号信息查阅相关资料进行识读。即首先识别出晶闸管的型号后，查阅半导体手册或在互联网上搜索该型号集成电路的引脚功能。

识别安装在电路板上的晶闸管的引脚时，可观察电路板上晶闸管的周围或背面焊接面上有无标识信息，根据标识信息很容易识别引脚极性。也可以根据晶闸管所在电路，找到对应的电路图纸，根据图纸中的电路符号识别引脚极性。

7.2.2　晶闸管的选用代换

当实际应用中，场效应晶体管因环境等因素影响，有损坏、失效的情况时，需要选择可替代的场效应晶体管进行代换，以恢复电路功能。

❶ **晶闸管的代换原则及注意事项**

在代换晶闸管之前，要保证所代换晶闸管的规格符合要求；在代换过程中，注意安全可靠，防止造成二次故障，力求代换后的晶闸管能够良好、长久、稳定地工作。

- 晶闸管代换注意反向耐压、允许电流和触发信号的极性。
- 反向耐压高的可以取代耐压低的，允许电流大的可以取代允许电流小的。
- 触发信号的极性应与触发电路对应。

晶闸管的种类和型号较多，不同种类的晶闸管的参数也不一样，因此电路中的晶闸管出现损坏的现象时，最好选用同型号的晶闸管进行代换。不同类型晶闸管的选用注意事项可参见表7-1所列。

表7-1　晶闸管的代换原则对照

类型	适用电路	选用注意事项
单向晶闸管	交直流电压控制、可控硅整流、交流调压、逆变电源、开关电源保护等电路	● 选用晶闸管时应重点考虑额定峰值电压、额定电流、正向压降、门极触发电流及触发电压、控制极触发电压U_{GT}与触发电流I_{GT}、开关速度等参数； ● 一般选用晶闸管的额定峰值电压和额定电流均应高于工作电路中的最大工作电压和最大工作电流的1.5～2倍； ● 所选用晶闸管的触发电压与触发电流一定要小于实际应用中的数值； ● 所选用晶闸管的尺寸、引脚长度应符合应用电路的要求； ● 选用双向晶闸管时，还应要考虑浪涌电流参数符合电路要求； ● 一般，在直流电路中，可以选用普通晶闸管或双向晶闸管，当用在以直流电源接通和断开来控制功率的直流电路中，由于开关速度快、频率高，需选用高频晶闸管； ● 值得注意的是，在选用高频晶闸管时，要特别注意高温下和室温下的耐压量值，大多数高频晶闸管在额定高温下给定的关断时间为室温下关断时间的2倍多
双向晶闸管	交流开关、交流调压、交流电动机线性调速、灯具线性调光及固态继电器、固态接触器等电路	
逆导晶闸管	电磁灶、电子镇流器、超声波电路、超导磁能存储系统及开关电源等电路	
光控晶闸管	光电耦合器、光探测器、光报警器、光电逻辑电路及自动生产线的运行键控电路等	
门极关断晶闸管	交流电动机变频调速、逆变电源及各种电子开关电路等	

❷ **晶闸管的代换方法**

图7-16　晶闸管的代换方法

 如图7-16所示，晶闸管一般直接焊装在电路板上，代换时，选配好用于替换的晶闸管后，可借助电烙铁、吸锡器等进行拆卸和焊装操作。

① 使用电烙铁加热晶闸管引脚焊点并用吸锡器吸走熔化的焊锡，拆下损坏的晶闸管

② 选配相同型号或可替换型号的晶闸管作为代换用元件

③ 将新晶闸管焊装到电路板上，检查焊装无误，完成晶闸管的代换

7.3 晶闸管的检测方法

7.3.1 单向晶闸管触发能力的检测方法

单向晶闸管作为一种可控整流器件，采用阻值检测方法无法判断内部开路状态。因此一般不直接用万用表检测阻值判断，但可借助万用表检测其触发能力。

图7-17 单向晶闸管触发能力的检测机理

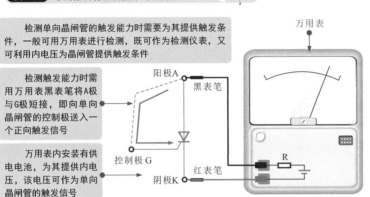

检测单向晶闸管的触发能力时需要为其提供触发条件，一般可用万用表进行检测，既可作为检测仪表，又可利用内电压为晶闸管提供触发条件

检测触发能力时需用万用表黑表笔将A极与G极短接，即向单向晶闸管的控制极送入一个正向触发信号

万用表内安装有供电电池，为其提供内电压，该电压可作为单向晶闸管的触发信号

如图7-17所示，单向晶闸管的触发能力是单向晶闸管重要的特性之一，也是影响单向晶闸管性能的重要因素。因此，可通过检测单向晶闸管的触发能力来判断其性能好坏。

图7-18 单向晶闸管触发能力的检测方法

图7-18为单向晶闸管触发能力的具体检测方法。

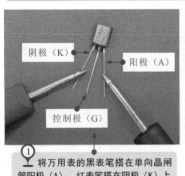
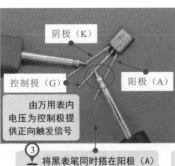
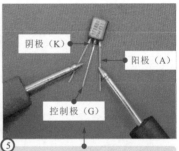

① 将万用表的黑表笔搭在单向晶闸管阳极（A），红表笔搭在阴极（K）上

③ 将黑表笔同时搭在阳极（A）和控制极（G）上，使两引脚短路

由万用表内电压为控制极提供正向触发信号

⑤ 保持红表笔接触阴极（K），黑表笔接触阳极（A）的前提下，脱开控制极（G）

② 测得阳极与阴极之间的阻值为无穷大

④ 万用表指针会向右侧大范围摆动

单向晶闸管已被正向触发导通

⑥ 万用表指针仍指示低阻值状态，说明单向晶闸管维持导通状态

用万用表检测[选择"×1"欧姆挡（输出电流大）]单向晶闸管的触发能力应满足以下规律：

· 万用表的红表笔搭在单向晶闸管阴极（K）上，黑表笔搭在阳极（A）上，所测电阻值为无穷大；

· 用黑表笔接触A极的同时，也接触控制极（G），加上正向触发信号，表针向右偏转到低阻值即表明晶闸管已经导通；

· 黑表笔脱开控制极（G），只接触阳极（A）极，万用表指针仍指示低阻值状态，说明单向晶闸管处于维持导通状态，即被测单向晶闸管具有触发能力。

图7-19 大电流单向晶闸管的触发能力的检测方法

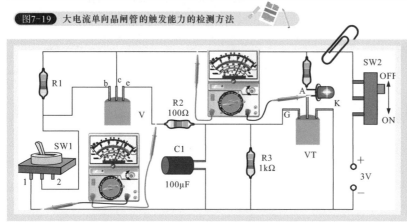

上述检测由万用表电池产生的电流维持单向晶闸管的导通状态。但有些大电流晶闸管需要较大的电流才能维持导通状态，因此黑表笔脱离控制极后，晶闸管不能维持导通状态，这也是正常的。这种情况需要搭建电路进行检测，如图7-19所示。

7.3.2　双向晶闸管触发能力的检测方法

图7-20 双向晶闸管触发能力的检测方法

如图7-20所示，检测双向晶闸管的触发能力与单向晶闸管触发能力的方法基本相同，只是所测晶闸管引脚极性不同。

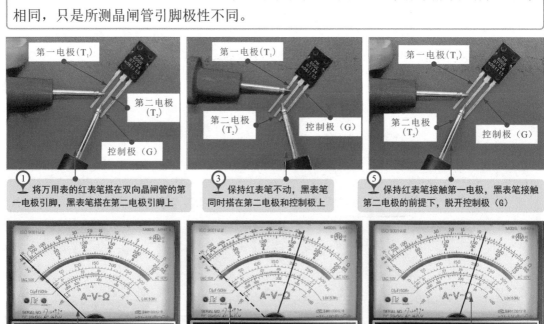

① 将万用表的红表笔搭在双向晶闸管的第一电极引脚，黑表笔搭在第二电极引脚上

③ 保持红表笔不动，黑表笔同时搭在第二电极和控制极上

⑤ 保持红表笔接触第一电极，黑表笔接触第二电极的前提下，脱开控制极（G）

② 测得T₁极与T₂极之间的阻值为无穷大

④ 万用表指针会向右侧大范围摆动

双向晶闸管已被正向触发导通

⑥ 万用表指针仍指示低阻值状态，说明双向晶闸管维持导通状态

在正常情况下，用万用表检测[选择"×1"欧姆挡（输出电流大）]双向晶闸管的触发能力应满足以下规律：

· 万用表的红表笔搭在双向晶闸管的第一电极（T_1）上，黑表笔搭在第二电极（T_2）上，测得阻值应为无穷大。

· 将黑表笔同时搭在第二电极（T_2）和控制极（G）上，使两引脚短路，即加上触发信号，这时万用表指针会向右侧大范围摆动，说明双向晶闸管已导通（导通方向：$T_2 \rightarrow T_1$）。

· 若将表笔对换后进行检测，发现万用表指针向右侧大范围摆动，说明双向晶闸管另一方向也导通（导通方向：$T_1 \rightarrow T_2$）。

· 黑表笔脱开G极，只接触第一电极（T_1），万用表指针仍指示低阻值状态，说明双向晶闸管维持通态，即被测双向晶闸管具有触发能力。

7.3.3　可关断晶闸管关断能力的检测方法

在各种晶闸管中，可关断晶闸管具有自我关断能力，即在导通状态下，向控制极（G）加入负向触发信号时即可关断。通过检测可关断晶闸管的关断能力，可有效判断可关断晶闸管的工作特性。

图7-21　使用指针式万用表检测双向晶闸管的正、反向特性

如图7-21所示，检测可关断晶闸管的关断能力，一般需借助两个指针式万用表（万用表1、万用表2）进行。

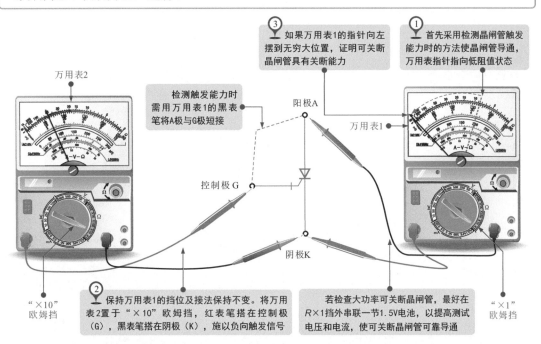

③ 如果万用表1的指针向左摆到无穷大位置，证明可关断晶闸管具有关断能力

① 首先采用检测晶闸管触发能力时的方法使晶闸管导通，万用表指针指向低阻值状态

万用表2

检测触发能力时需用万用表1的黑表笔将A极与G极短接

阳极A

万用表1

控制极G

阴极K

"×10"欧姆挡

② 保持万用表1的挡位及接法保持不变。将万用表2置于"×10"欧姆挡，红表笔搭在控制极（G），黑表笔搭在阴极（K），施以负向触发信号

若检查大功率可关断晶闸管，最好在$R \times 1$挡外串联一节1.5V电池，以提高测试电压和电流，使可关断晶闸管可靠导通

"×1"欧姆挡

在可关断晶闸管导通并维持导通状态时，万用表1的指针指示低电阻状态。当用万用表2为其施以负向触发信号，如果万用表1的指针向左摆到无穷大位置，证明可关断晶闸管具有关断能力，否则说明可关断晶闸管异常。

7.3.4 双向晶闸管导通特性的检测方法

除了使用指针式万用表对双向晶闸管的触发能力进行检测外，还可以使用安装有附加测试器的数字万用表对双向晶闸管的正、反向导通特性进行检测。

图7-22 使用数字万用表检测双向晶闸管的正、反向特性

如图7-22所示，将双向晶闸管接到数字万用表附加测试器的三极管检测接口（NPN管）上，只插接E、C插口，并在电路中串入一限流电阻（330Ω）。

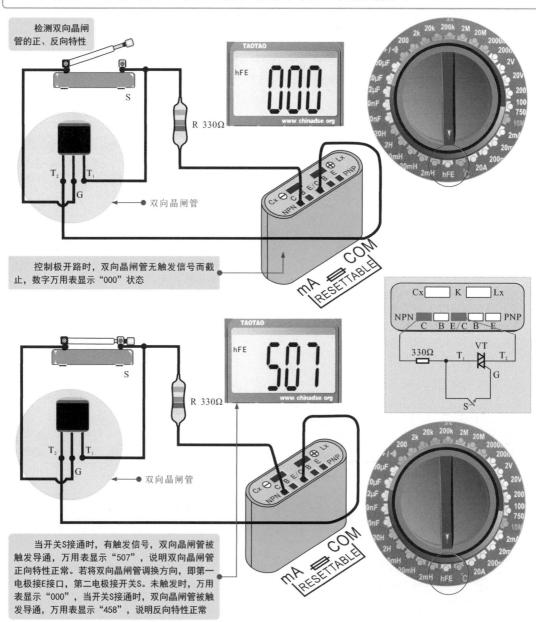

控制极开路时，双向晶闸管无触发信号而截止，数字万用表显示"000"状态

当开关S接通时，有触发信号，双向晶闸管被触发导通，万用表显示"507"，说明双向晶闸管正向特性正常。若将双向晶闸管调换方向，即第一电极接E接口，第二电极接开关S。未触发时，万用表显示"000"，当开关S接通时，双向晶闸管被触发导通，万用表显示"458"，说明反向特性正常

第8章
集成电路的识别、检测与应用

8.1 集成电路的种类特点与功能应用

8.1.1 集成电路的种类特点

集成电路是一种微型电子器件。它利用半导体工艺将众多晶体管、二极管、电阻、电容、电感等元件集成在一小块半导体晶片或介质基片上，然后封装成独立的器件。具有体积小、重量轻、电路稳定、集成度高、功能强大等特点。

图8-1 集成电路的实物外形

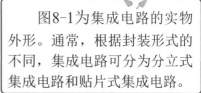

图8-1为集成电路的实物外形。通常，根据封装形式的不同，集成电路可分为分立式集成电路和贴片式集成电路。

❶ 扁平封装型集成电路

图8-2 扁平封装型集成电路的实物外形和引脚排列

图8-2为典型扁平封装型集成电路的实物外形和引脚排列。扁平封装型集成电路的引脚数目较多，且引脚之间的间隙很小。主要采用表面安装技术安装在电路板上，检修和更换都较为困难（需实用专业工具）。

圆坑和颜色标识处为①脚

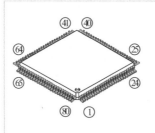

四列集成电路的左侧一角有特殊的标志来明确引脚1的位置。一般来讲，标记下方的引脚就是引脚1，标记的上方往往是最后一个引脚。标记有可能是一个小圆凹坑、一个小色点等。引脚1往往是起始引脚，可以顺着引脚排列的位置，依次对应引脚为2脚、3脚、4脚、5脚……

❷ 单列直插型集成电路

图8-3 单列直插型集成电路的实物外形和引脚排列

图8-3为单列直插型集成电路的实物外形和引脚排列。单列直插型集成块内部电路相对比较简单，它的引脚数较少（3～16只），只有一排引脚。

单列直插型集成电路的左侧有特殊的标志来明确引脚①的位置，标志有可能是一个小圆凹坑、一个小缺角、一个小色点、一个小圆孔、一个小半圆缺等。引脚1往往是起始引脚，可以顺着引脚排列的位置，依次对应引脚为2脚、3脚、4脚、5脚……

半圆缺和圆坑下方为1号引脚

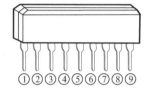

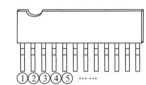

❸ 双列直插型集成电路

图8-4 双列直插型集成电路的实物外形和引脚排列

图8-4为双列直插型集成电路的实物外形和引脚排列。双列直插型集成电路的电路结构较为复杂，多为长方形结构，两排引脚分别由两侧引出，这种集成电路在家用电子产品中十分常见。

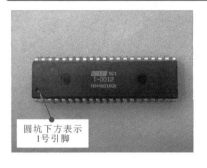

圆坑下方表示1号引脚

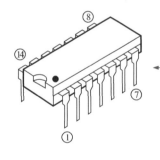

双列直插型集成电路的左侧有特殊的标志来明确引脚1的位置。一般来讲，标记下方的引脚就是引脚1，标记的上方往往是最后一个引脚。标记有可能是一个小圆凹坑、一个小色点、条状标记、一个小半圆缺等。引脚1往往是起始引脚，可以顺着引脚排列的位置，依次对应引脚为2脚、3脚、4脚、5脚……

❹ 金属封装型集成电路

图8-5 金属封装型集成电路的实物外形和引脚排列

金属封装型集成电路

图8-5所示为典型金属封装型集成电路的实物外形，金属封装型集成电路的功能较为单一，引脚数较少。安装及代换都十分方便。

⑤ 矩形针脚插入型集成电路

图8-6 矩形针脚插入型集成电路的实物外形

　　图8-6所示为典型矩形针脚插入型集成电路的实物外形，该集成电路的引脚很多，内部结构十分复杂，功能强大，这种集成电路多应用于高智能化的数字产品中，如计算机中的中央处理器多采用针脚插入型封装形式。

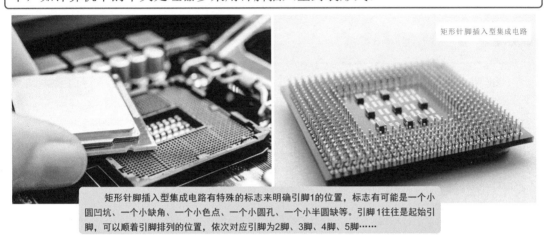

矩形针脚插入型集成电路

矩形针脚插入型集成电路有特殊的标志来明确引脚1的位置，标志有可能是一个小圆凹坑、一个小缺角、一个小色点、一个小圆孔、一个小半圆缺等。引脚1往往是起始引脚，可以顺着引脚排列的位置，依次对应引脚为2脚、3脚、4脚、5脚……

⑥ 球栅阵列型集成电路

图8-7 球栅阵列型集成电路的实物外形

　　图8-7所示为典型球栅阵列型集成电路的实物外形。这种集成电路体积小、引脚在集成电路的下方（因此在集成电路四周看不见引脚），形状为球形，采用表面贴片焊装技术，广泛应用在新型数码产品之中。

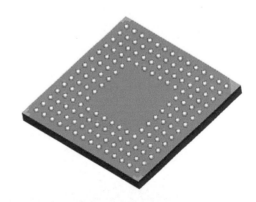

　　集成电路种类多样，除按照封装形式分类外，按照功能的不同，集成电路还可分为模拟集成电路和数字集成电路。按照集成度高低的不同又可分为小规模集成电路、中规模集成电路、大规模集成电路和超大规模集成电路。按照制造工艺的不同，集成电路还可分为半导体集成电路、膜集成电路、混合集成电路。

8.1.2 集成电路的功能应用

集成电路功能强大，在电子电路中应用广泛，可用于系统控制、信号驱动放大、数据处理、存储等。

❶ 集成电路在控制系统中的应用

图8-8 集成电路芯片在彩色电视机控制电路中的应用

图8-8为集成电路芯片在彩色电视机控制电路中的应用。集成电路的功能比较强大，它可以制成各种专用或通用的电路单元，微处理器芯片是常用的集成电路，例如彩色电视机、空调器、电磁炉、电脑等都使用微处理器来作为控制器件。

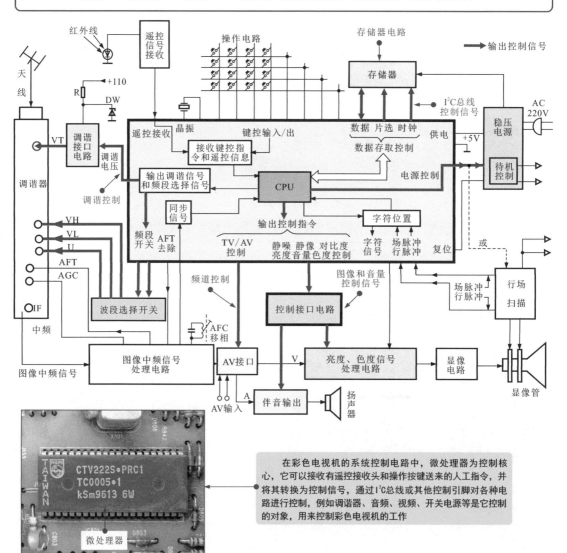

在彩色电视机的系统控制电路中，微处理器为控制核心，它可以接收有遥控接收头和操作按键送来的人工指令，并将其转换为控制信号，通过I²C总线或其他控制引脚对各种电路进行控制，例如调谐器、音频、视频、开关电源等是它控制的对象，用来控制彩色电视机的工作

❷ 集成电路在驱动放大系统中的应用

传统的放大电路是由晶体管及外围元器件组成的，将这些元器件组合采用集成工艺制成的集成电路，就具有放大的作用，常用的有运算放大器和交流放大器。

图8-9 运算放大器在电磁炉驱动报警电路中的应用

图8-9为运算放大器在电磁炉驱动报警电路中的应用。运算放大器是电子产品中应用较为广泛的一类集成电路。

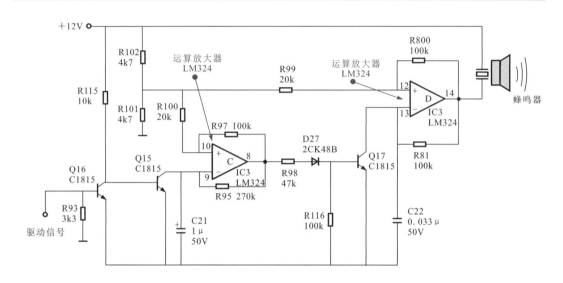

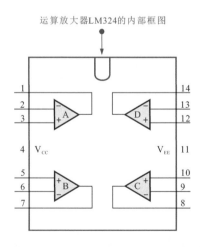

运算放大器LM324的内部框图

电路板上的运算放大器

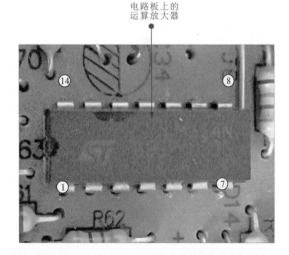

通过运算放大器进行驱动的报警电路，主要是由LM324运算放大器构成。蜂鸣驱动信号（脉冲）经Q15、Q16放大后加到第一个运算放大器IC3C的9脚放大后由8脚输出该信号经二极管D27、晶体管Q17去驱动第二个运算放大器IC3D的13脚。IC3D的输出端14脚接蜂鸣器。当控制信号加到电路的输入端后，经过两级放大后，IC3D的14脚输出脉冲信号，驱动蜂鸣器发声。

图8-10 交流放大器在音频信号处理电路中的应用

图8-10为交流放大器在音频信号处理电路中的应用。交流放大器也是一种比较常见的集成电路，一般用于音频信号处理电路中。

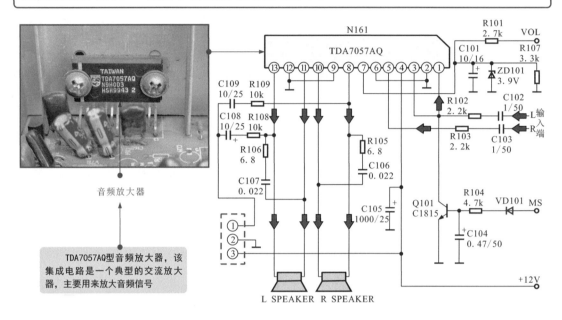

音频放大器

TDA7057AQ型音频放大器，该集成电路是一个典型的交流放大器，主要用来放大音频信号

③ 集成电路在信号变换系统中的应用

图8-11 集成电路芯片在影碟机D/A音频转换电路的应用

D/A变换器
PCM1606EG

图8-11为集成电路芯片在影碟机D/A音频转换电路中的应用。

影碟机的音频D/A转换电路中，集成电路D/A转换器可将输入的数字音频信号进行转换，变为模拟音频信号后输出，再经音频放大器送往扬声器中发出声音，从而实现数字信号到模拟信号的转变

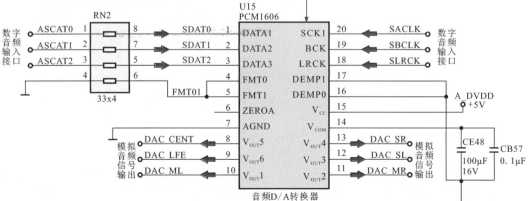

音频D/A转换器

图8-12 集成电路芯片在液晶电视机视频A/D转换电路的应用

图8-12为集成电路芯片在液晶电视机中的视频A/D转换电路中的应用。

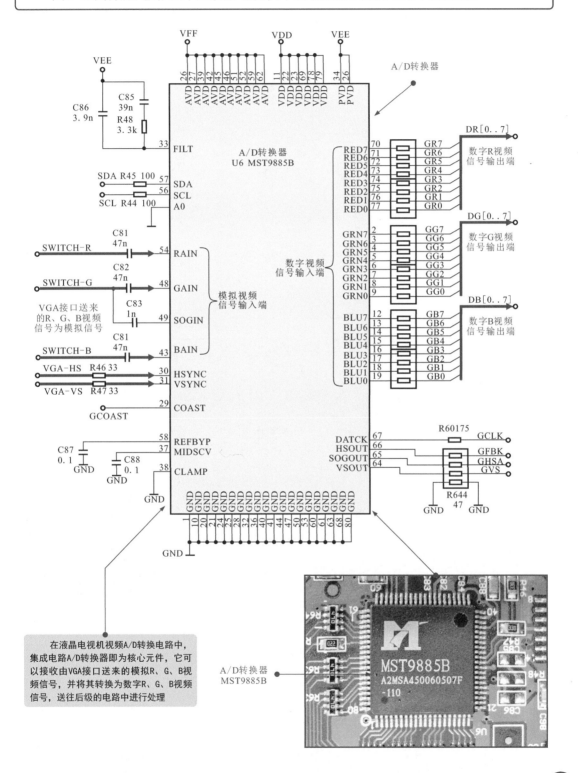

在液晶电视机视频A/D转换电路中，集成电路A/D转换器即为核心元件，它可以接收由VGA接口送来的模拟R、G、B视频信号，并将其转换为数字R、G、B视频信号，送往后级的电路中进行处理

A/D转换器 MST9885B

❹ 集成电路在开关电源电路中的应用

 集成电路芯片在开关电源电路中的应用

图8-13为集成电路芯片在开关电源电路中的应用。在开关电源电路中,开关振荡集成电路是开关振荡电路中的核心器件,该电路可以产生开关振荡信号,送往开关变压器中。

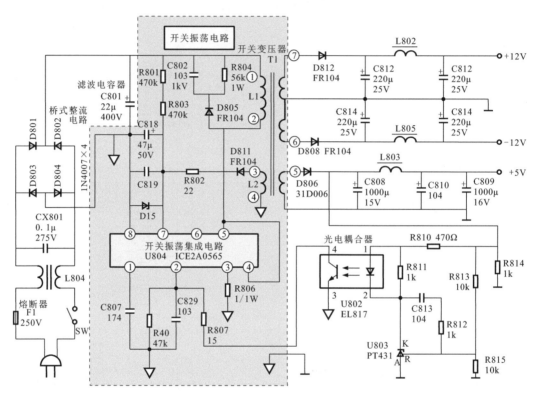

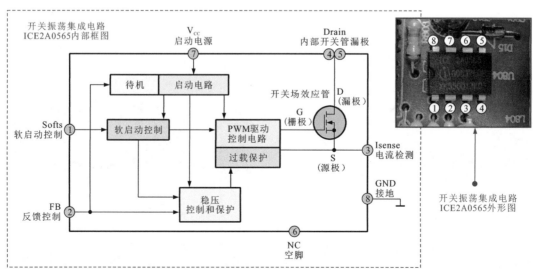

8.2 集成电路的参数识别与选用代换

8.2.1 集成电路的参数识别

❶ 集成电路命名参数的识别

通常，集成电路的命名多采用直标法标注命名。但具体命名规则根据国家、地区及生产厂商的不同而有所不同。

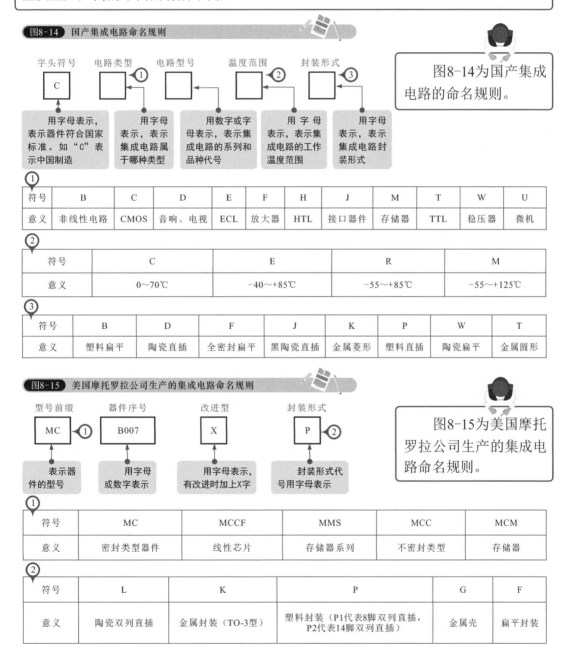

图8-14 国产集成电路命名规则

图8-14为国产集成电路的命名规则。

字头符号 C — 用字母表示，表示器件符合国家标准。如"C"表示中国制造

电路类型 ① — 用字母表示，表示集成电路属于哪种类型

电路型号 — 用数字或字母表示，表示集成电路的系列和品种代号

温度范围 ② — 用字母表示，表示集成电路的工作温度范围

封装形式 ③ — 用字母表示，表示集成电路封装形式

①

符号	B	C	D	E	F	H	J	M	T	W	U
意义	非线性电路	CMOS	音响、电视	ECL	放大器	HTL	接口器件	存储器	TTL	稳压器	微机

②

符号	C	E	R	M
意义	0~70℃	-40~+85℃	-55~+85℃	-55~+125℃

③

符号	B	D	F	J	K	P	W	T
意义	塑料扁平	陶瓷直插	全密封扁平	黑陶瓷直插	金属菱形	塑料直插	陶瓷扁平	金属圆形

图8-15 美国摩托罗拉公司生产的集成电路命名规则

图8-15为美国摩托罗拉公司生产的集成电路命名规则。

型号前缀 MC ① — 表示器件的型号

器件序号 B007 — 用字母或数字表示

改进型 X — 用字母表示，有改进时加上X字

封装形式 P ② — 封装形式代号用字母表示

①

符号	MC	MCCF	MMS	MCC	MCM
意义	密封类型器件	线性芯片	存储器系列	不密封类型	存储器

②

符号	L	K	P	G	F
意义	陶瓷双列直插	金属封装（TO-3型）	塑料封装（P1代表8脚双列直插，P2代表14脚双列直插）	金属壳	扁平封装

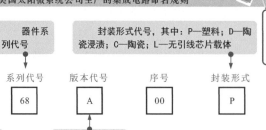

图8-16 美国太阳微系统公司生产的集成电路命名规则

器件系列代号

封装形式代号，其中：P—塑料；D—陶瓷浸渍；C—陶瓷；L—无引线芯片载体

型号前缀　　系列代号　　版本代号　　序号　　封装形式

| S | 68 | A | 00 | P |

S代表标准系列

改进型，可分A、B、无号

图8-16为美国太阳微系统公司生产的集成电路命名规则。

某集成电路的型号为S68A00P，"S"表示为美国太阳微系统公司产品；"68"为系列代号；"A"表示改进型；"00"表示产品序号。"P"表示塑料封装。因此该型号标识含义为：美国太阳微系统公司生产的改进型塑料封装集成电路，器件序号为00，产品代号为68

图8-17 日本索尼公司生产的集成电路命名规则

用1～2位数字表示产品分类：0、1、8、10、20、22表示双极型集成电路；5、7、23、79表示MOS型集成电路

型号前缀　　产品分类　　产品编号　　特性部分

| CX | 20 | 01 | A |

索尼公司集成电路标志

表示单个产品编号

有特性部分改进时加上A字

图8-17为日本索尼公司生产的集成电路命名规则。

某集成电路型号为CX2001A，"CX"表示为日本索尼公司；"20"为产品分类，表示双极型集成电路；"01"为产品编号；"A"表示有特性部分改进。由此该集成电路的型号标识的含义为：由日本索尼公司生产的改进型双极型集成电路，产品编号为01

图8-18 日本松下公司生产的集成电路命名规则

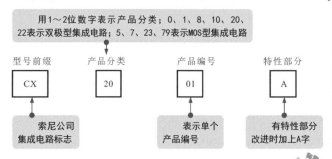

图8-18为日本松下公司生产的集成电路命名规则。

类型　TA　应用范围　56　　20　序号　N　封装形式

类型		应用范围		序号	封装形式	
字母	含义	数字	含义		字母	含义
AN	模拟集成电路	10～19	运算放大器比较电路	用两位数字表示电路的序号	K	缩小型双列直插封装
AN	模拟集成电路	20～25	摄像机电路		K	缩小型双列直插封装
AN	模拟集成电路	26～29	影碟机电路		K	缩小型双列直插封装
DN	数字集成电路	30～39	录像机电路		P	普通塑料封装
DN	数字集成电路	40～49	运算放大器电路		P	普通塑料封装
DN	数字集成电路	50～59	电视机电路		P	普通塑料封装
MN	MOS集成电路	60～64	录像机、音响电路		S	小型扁平封装
MN	MOS集成电路	65	运算放大器及其他电路		S	小型扁平封装
MN	MOS集成电路	66～68	工业电路及家用电器		S	小型扁平封装
MN	MOS集成电路	69	比较器及其他电路		S	小型扁平封装
OM	助听器	70～76	音响电路		N	改进型
OM	助听器	78～80	稳压器电路		N	改进型
OM	助听器	81～83	工业及家电电路		N	改进型
OM	助听器	90	三极管系列		N	改进型

图8-19 日本东芝公司生产的集成电路命名规则

图8-19为日本东芝公司生产的集成电路命名规则。

类型		类型 AN	序号 4100	封装形式 M	
类型	字母	TA	TC	TD	TM
	含义	双极线性集成电路	CMOS集成电路	双极数字集成电路	MOS集成电路
封装形式	字母	A	C	M	P
	含义	改进型	陶瓷封装	金属封装	塑料封装
序号		用数字表示电路的序号			

图8-20 日本三洋公司生产的集成电路命名规则

图8-20为日本三洋公司生产的集成电路命名规则。

		类型 STK	序 号 4056	
类型	字母	LA	LB	LC
	含义	单块双极线性集成电路	双极数字集成电路	CMOS集成电路
	字母	LE	LM	STK
	含义	MOS集成电路	PMOS、NMOS集成电路	厚膜集成电路
序号		用数字表示电路的序号		

图8-21 日本日立公司生产的集成电路命名规则

图8-21为日本日立公司生产的集成电路命名规则。

		类型 HD	应用 13	序号 01	改进型 A	封装形式 P	
类型			应用		序号	改进型	封装形式
字母	含义	数字	含义			字母 / 含义	字母 / 含义
HA	模拟集成电路	11	高频用	用数字表示电路的序号			
HD	数字集成电路	12	高频用			A / 改进型	P / 塑料封装
HM	存储器（RAM）集成电路	13	音频用				
HN	存储器（ROM）集成电路	14	音频用				

❷ 集成电路电路标识的识别

图8-22 识读典型集成电路的电路标识

　　集成电路在电子电路中有特殊的电路标识，集成电路种类不同，电路标识也有所区别。识读典型集成电路的电路标识见图8-22。通常，在电路中，集成电路都会用"IC"标注。在"IC"后面所跟的数字或字母组合多标识该集成电路的型号。

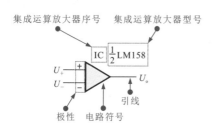

集成运算放大器的图形符号

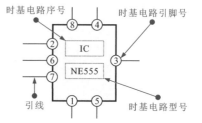

时基集成电路的图形符号

电路符号表明了集成电路的类型；引线由电路符号两端伸出，与电路图中的电路线连通，构成电子线路；标识信息通常提供了集成电路的类别、在该电路图中的序号以及集成电路型号等参数信息

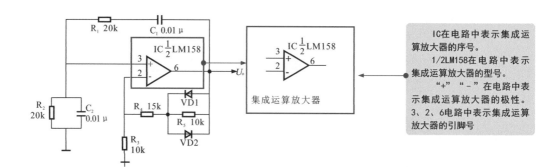

IC在电路中表示集成运算放大器的序号。

1/2LM158在电路中表示集成运算放大器的型号。

"+""－"在电路中表示集成运算放大器的极性。

3、2、6电路中表示集成运算放大器的引脚号

IC在电路中表示时基集成电路的序号。CB555/7555在电路中表示时基集成电路的型号。①、②、③、④、⑤、⑥、⑦、⑧在电路中表示时基集成电路引脚

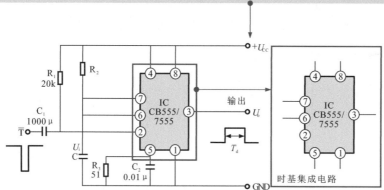

8.2.2 集成电路的选用代换

集成电路一般采用分立式或贴片式的安装方式，焊接在电路板上，因此在对其进行代换时，应根据其安装方式的不同，采用不同的拆卸和焊接方式。

❶ 分立式集成电路的代换方法

图8-23 拆除集成电路的引脚焊点

图8-23为拆除集成电路的引脚焊点的方法。

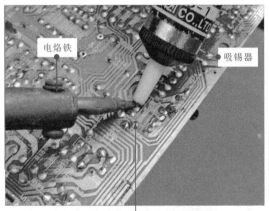 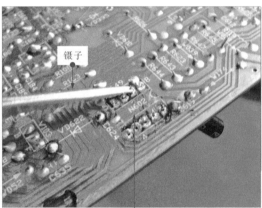

用电烙铁加热集成电路引脚焊点，并用吸锡器吸取多余焊锡

用镊子查看集成电路引脚，使集成电路完全脱离电路板

图8-24 取下集成电路的方法

图8-24为取下集成电路的方法。

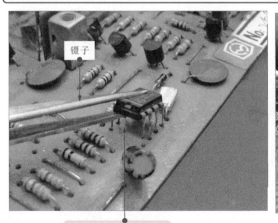 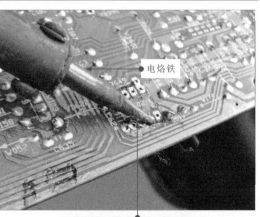

用镊子将夹住集成电路并取下

用电烙铁清理集成电路的引脚，确保引脚焊点可以正常使用

图8-25 代换集成电路前的操作

图8-25为代换集成电路前的操作。

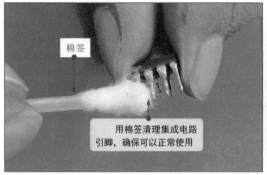

棉签

用棉签清理集成电路引脚，确保可以正常使用

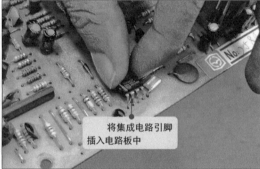

将集成电路引脚插入电路板中

图8-26 焊接集成电路的方法

图8-26为焊接集成电路的方法。

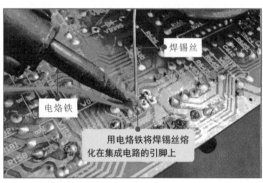

焊锡丝

电烙铁

用电烙铁将焊锡丝熔化在集成电路的引脚上

用镊子清理焊点之间残留的焊锡

❷ 贴片式集成电路的代换方法

图8-27 拆卸贴片式集成电路的方法

图8-27为拆卸贴片式集成电路的方法。

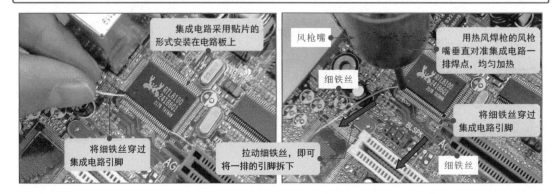

集成电路采用贴片的形式安装在电路板上

将细铁丝穿过集成电路引脚

风枪嘴

细铁丝

用热风焊枪的风枪嘴垂直对准集成电路一排焊点，均匀加热

将细铁丝穿过集成电路引脚

拉动细铁丝，即可将一排的引脚拆下

细铁丝

图8-28 焊接贴片式集成电路的方法

图8-28为焊接贴片式集成电路的方法。

镊子

用镊子接住集成电路，以免在焊装时位置有移动

风枪嘴

镊子

用热风焊枪嘴对准集成电路的引脚均匀加热

8.3 集成电路的检测方法

8.3.1 集成电路对地阻值的检测方法

图8-29 待测开关振荡集成电路的实物外形及其引脚功能

图8-29为待测开关振荡集成电路的实物外形及其引脚功能。

待测的开关振荡集成电路

引脚功能	英文缩写	集成电路引脚功能	电阻参数/kΩ		直流电压参数/V
			红表笔接地	黑表笔接地	
①	ERROR OUT	误差信号输出	15	8.9	2.1
②	IN-	反向信号输入	10.5	8.4	2.5
③	NF	反馈信号输入	1.9	1.9	0.1
④	OSC	振荡信号	11.9	8.9	2.4
⑤	GND	接地	0	0	0
⑥	DRIVER OUT	激励信号输出	14.4	8.4	0.7
⑦	VCC	电源+14V	∞	5.4	14.5
⑧	VREF	基准电压	3.9	3.9	5

图8-30 万用表量程调整并进行零欧姆校正

如图8-30所示,对万用表量程调整并进行零欧姆校正。

 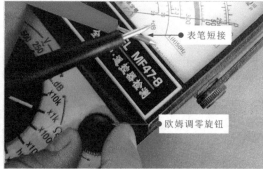

将万用表的量程调整至"×1 k"挡

表笔短接

欧姆调零旋钮

 图8-31 检测KA3842的2脚正向阻值

图8-31为检测KA3842的2脚正向阻值的方法。

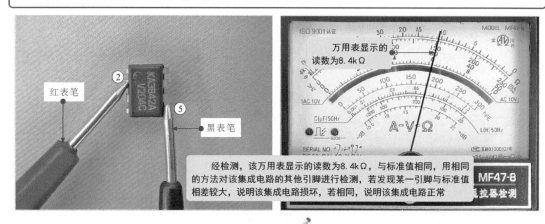

红表笔

黑表笔

万用表显示的读数为8.4kΩ

经检测,该万用表显示的读数为8.4kΩ,与标准值相同,用相同的方法对该集成电路的其他引脚进行检测,若发现某一引脚与标准值相差较大,说明该集成电路损坏,若相同,说明该集成电路正常

8.3.2 集成电路电压的检测方法

图8-32 待测运算放大器的实物外形及其引脚功能

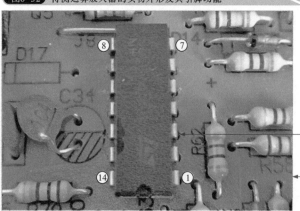

图8-32为待测运算放大器的实物外形及其引脚功能。

待测运算放大器

测量电压应在正常工作状态下进行

图8-32 待测运算放大器的实物外形及其引脚功能（续）

引脚序号	英文缩写	集成电路引脚功能	电阻参数/kΩ		直流电压参数/V
			红表笔接地	黑表笔接地	
①	AMP OUT1	放大信号（1）输出	0.38	0.38	1.8
②	IN1-	反相信号（1）输入	6.3	7.6	2.2
③	IN1+	同相信号（1）输入	4.4	4.5	2.1
④	VCC	电源+5V	0.31	0.22	5
⑤	IN2+	同相信号（2）输入	4.7	4.7	2.1
⑥	IN2-	反相信号（2）输入	6.3	7.6	2.1
⑦	AMP OUT2	放大信号（2）输出	0.38	0.38	1.8
⑧	AMP OUT3	放大信号（3）输出	6.7	23	0
⑨	IN3-	反相信号（3）输入	7.6	∞	0.5
⑩	IN3+	同相信号（3）输入	7.6	∞	0.5
⑪	GND	接地	0	0	0
⑫	IN4+	同相信号（4）输入	7.2	17.4	4.6
⑬	IN4-	反相信号（4）输入	4.4	4.6	2.1
⑭	AMP OUT4	放大信号（4）输出	6.3	6.8	4.2

图8-33 检测运算放大器的+5 V供电电压

如图8-33所示, 以④脚为例, 检测运算放大器的+5V供电电压。

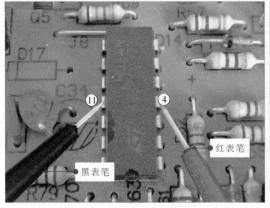 

经检测，该集成电路的④脚供电电压为+5 V，与标准值相同，说明该集成电路的供电正常，若检测其他引脚的电压与标准值电压相差较大，则说明该集成电路已损坏。

8.3.3 集成电路输入和输出信号的检测方法

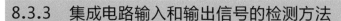

图8-34 待测音频放大器的实物外形及其引脚功能

● 待测音频放大器

图8-34为待测音频放大器的实物外形和该集成电路的引脚功能。

引脚序号	英文缩写	集成电路引脚功能	电阻参数/kΩ		直流电压参数/V
			红表笔接地	黑表笔接地	
①	L VOL CON	左声道音量控制信号	0.78	0.78	0.5
②	NC	空脚	∞	∞	0
③	LIN	左声道音频信号输入	27	12	2.4
④	VCC	电源+12V	40.2	5	12
⑤	RIN	右声道音频信号输入	150	11.4	2.5
⑥	GND	接地	0	0	0
⑦	R VOL CON	右声道音量控制信号	0.78	0.78	0.5
⑧	R OUT	右声道音频信号输入	30.1	8.4	5.6
⑨	GND	接地（功放电路）	0	0	0
⑩	R OUT	右声道音频信号输出	30.1	8.4	5.6
⑪	L OUT	左声道音频信号输出	30.2	8.4	5.7
⑫	GND	接地	0	0	0
⑬	L OUT	左声道音频信号输出	30.1	8.4	5.7

图8-35 检测集成电路④脚的供电电压

如图8-35所示,检测该集成电路④脚的供电电压。

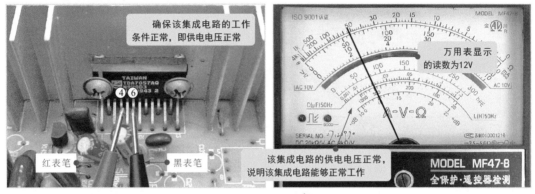

确保该集成电路的工作条件正常,即供电电压正常

万用表显示的读数为12V

红表笔

黑表笔

该集成电路的供电电压正常,说明该集成电路能够正常工作

图8-36 检测集成电路输入的信号波形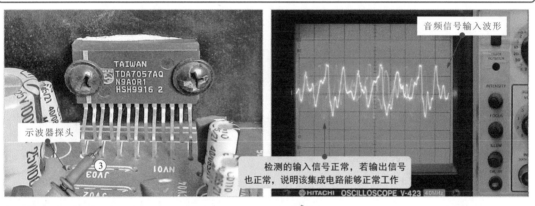

如图8-36所示,检测集成电路输入的信号波形。

音频信号输入波形

示波器探头

检测的输入信号正常,若输出信号也正常,说明该集成电路能够正常工作

图8-37 检测集成电路输出的信号波形

如图8-37所示,检测集成电路输出的信号波形。

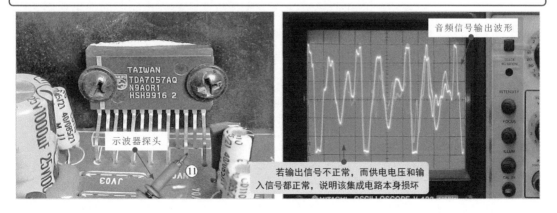

音频信号输出波形

示波器探头

若输出信号不正常,而供电电压和输入信号都正常,说明该集成电路本身损坏

第9章
常用电气部件的检测技能

9.1 保险元器件的应用与检测

9.1.1 保险元器件的功能与应用

保险元器件又称保险丝，是一种安装在电路中以保证电路安全运行的电气元件。在电气设备中，保险元器件也是使用较多的元件之一，多用在电视机、显示器、电磁炉、微波炉等开关电源电路中，用以保证电路的安全运行。

图9-1 开关电源电路板上的保险元器件

熔断器

电路符号

图9-1为开关电源电路板上的保险元器件。

任何电子元器件在工作时，都需要加电，而且大多数元件都有自己的额定工作电压、额定工作电流和最高限制电压、最大限制电流。当元器件工作在额定工作状态时，能够正常工作。保险丝是电子产品中十分重要的电气装置，在电子产品中起过流保护的作用，当电流过大时它会自动熔断，起到保护电子产品的作用

❶ 保险元器件在彩色电视机中的作用

图9-2 保险元器件在彩色电视机交流输入电路中的应用实例

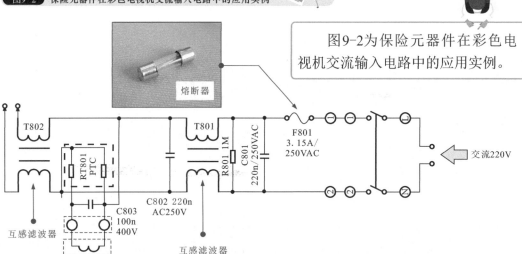

熔断器

图9-2为保险元器件在彩色电视机交流输入电路中的应用实例。

❷ 保险元器件液晶显示器中的作用

图9-3 保险元器件在液晶显示器交流输入电路中的应用实例

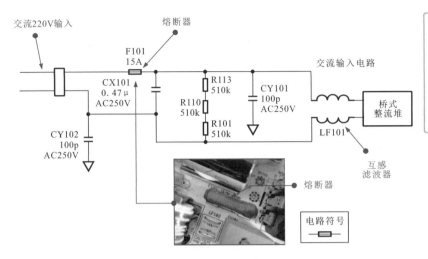

图9-3为保险元器件在液晶显示器交流输入电路中的应用实例。

在液晶显示器的交流输入电路中，熔断器F101为电路保险元件。当液晶显示器的电路发生故障或异常时，电流会不断升高，而升高的电流有可能损坏电路中的某些重要器件，甚至可能烧毁电路。这时熔断器就起到了重要的作用，它会在电流异常升高到一定的强度时，自身熔断切断电路，从而起到保护电路安全运行的作用。

9.1.2 保险元器件的检测方法

当保险元器件工作电压或电流超过其最大限制时，元器件便不能正常工作，甚至有可能将元器件烧坏。另外，由于器件被烧坏，也常常引发起相关元器件损坏，甚至还可能引发火灾等其他恶性事故。

图9-4 待测保险丝的实物外形

待测保险丝

保险丝两端的引脚

图9-4为待测保险丝的实物外形。为保证元器件工作在正常额定工作状态，常常添加保护电路，限制其工作电压和工作电流，当电压或电流过大时，保护电路便自动断开。这样，保险丝、过压保护器、过流保护器等保险器件便应运产生了。

测量保险丝可以使用模拟万用表检测，将万用表的的量程调整为"$R \times 1\,k$"挡，并进行零欧姆校正。

图9-5 保险丝的检测操作

如图9-5所示，对保险丝进行检测操作。若读数很小或趋于零，则表示保险丝正常；若读数为无穷大，则表明保险丝已熔断。

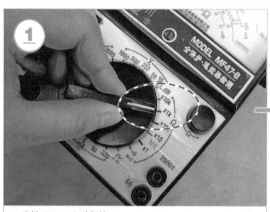

选择"$R \times 1k$"欧姆挡。

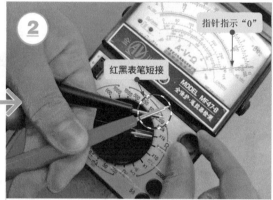

调整调零旋钮，使指针指示"0"位置。

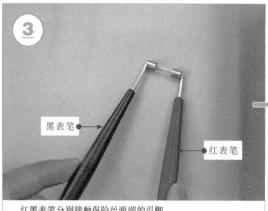

红黑表笔分别接触保险丝两端的引脚。

测量时指针趋向于零。

9.2 电位器的应用与检测

9.2.1 电位器的功能与应用

电位器实际上是一种可变电阻器，其结构适用于阻值经常调整且要求阻值稳定可靠的场合。在电子设备中，电位器也是使用较多的元件之一，多用在收音机、VCD/DVD操作面板上，用以调整音量的大小。

图9-6 操作电路板上的电位器

电位器

如图9-6所示，阻值随转轴角度均匀变化的电位器称为线性电位器；阻值开始时变化小，以后变化逐渐加快，近似呈指数规律，称之为指数式电位器。不同变化规律的电位器，其应用场合是不同的。

❶ 电位器在电池充电器中的作用

图9-7 电位器电路原理

图9-7为电位器电路原理。晶体三极管V和电位器VR4组成调压电路，电位器VR4通过调整晶体管V的基极电压，从而改变晶体管V发射极的输出电压，使输出电压能够适应对不同数量电池进行充电的需要。

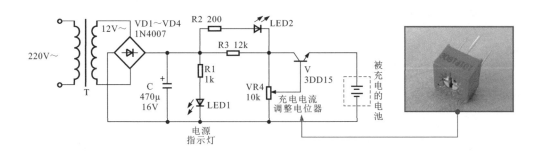

❷ 电位器在超声波发射器中的作用

图9-8 电位器在超声波发射器中的应用

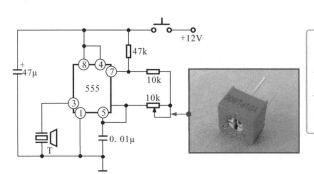

图9-8为电位器在超声波发射器中的应用。这是一种以时基555集成电路为主体的超声波发射电路。

在555集成电路的⑤脚和⑥脚外设有一个电位器（10kΩ），集成电路555的③脚输出驱动信号，并加到超声波发射器（T）上。工作时，电位器的作用就是使555电路的输出信号频率稳定在40kHz（超声波频率）。

9.2.2 电位器的检测方法

❶ 电位器的标注方法

图9-9 电位器直标法命名实例

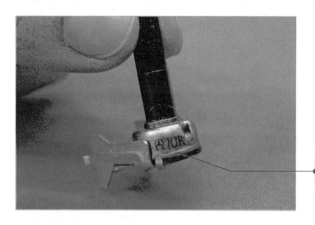

如图9-9所示，在对电位器进行检测之前，应首先了解该电位器的标注方法，以便为电位器的检测提供参照标准。

一般情况下，电位器都将其标称值标识在电位器的外壳上，在其外壳上标有"10k"，则表示该电位器的最大标称阻值为10kΩ

❷ 电位器的检测方法

图9-10 待测单联电位器的实物外形

图9-10为待测单联电位器的实物外形。在对其进行检测之前应观察单联电位器各个引脚（区分定片与动片及调节旋钮部分）。

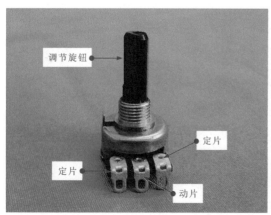

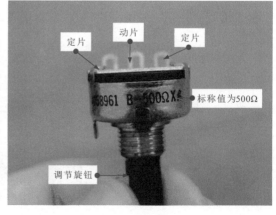

图9-11 电位器的检测操作

　　如图9-11所示，在对电位器进行检测时，为了测得准确的结果，通常情况下采用脱开电路板检测的方法，即开路测量方法。

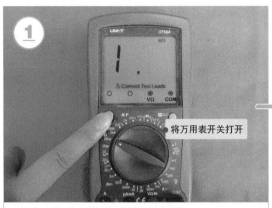

① 打开万用表的电源开关，调整万用表量程。

将万用表开关打开

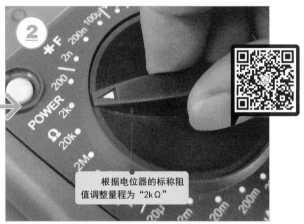

② 根据电位器的标称阻值调整量程为"2kΩ"

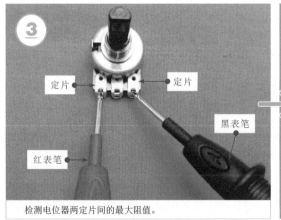

③ 检测电位器两定片间的最大阻值。

定片　定片　黑表笔　红表笔

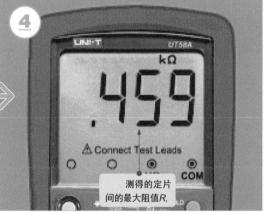

④ 测得的定片间的最大阻值R_1

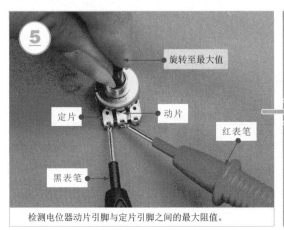

⑤ 检测电位器动片引脚与定片引脚之间的最大阻值。

旋转至最大值　定片　动片　红表笔　黑表笔

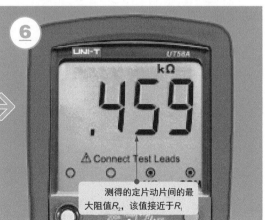

⑥ 测得的定片动片间的最大阻值R_2，该值接近于R_1

图9-11 电位器的检测操作（续）

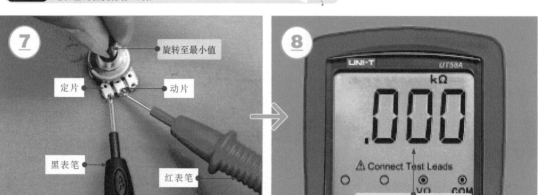

7 旋转至最小值
定片 动片
黑表笔 红表笔

检测电位器动片引脚与定片引脚之间的最小值。

8 UNI-T DT58A
kΩ
.000
⚠ Connect Test Leads

测得的定片动片间的最小阻值R_3，该值趋于零

若该单联电阻器的定片引脚之间的最大电阻值R_1，若与该电位器的标称阻值相差较大，则说明该电位器存在故障；

正常情况下，动片引脚与定片引脚之间的最大可变阻值R_2应接近最大电阻值R_1，即$R_2 \leqslant R_1$；

正常情况下，动片与定片之间的最小可变阻值R_3应与最大电阻值R_1之间存在一定差距，即$R_3 < R_1$；

R_2与R_3近似相等，则说明该单联电位器已失去调节功能不能起到调节电阻的作用。

9.3 开关的应用与检测

9.3.1 开关的功能与应用

开关一般指用来控制仪器、仪表的工作状态或对多个电路进行切换的部件，该部件可以在开和关两种状态下相互转换，也可将多组多位开关制成一体，从而实现同步切换。开关部件在大部分的电子产品中都有应用，是电子产品实现控制的基础部件。

图9-12 典型常用电气部件所应用的开关部件

图9-12为典型常用电气部件所应用的开关部件。在电子产品中通常会看到许多种类的开关部件，它们有的起开关作用，有的起转换作用，有的起调节作用。

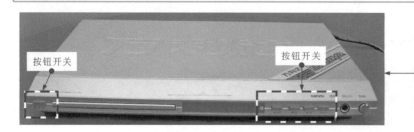

按钮开关   按钮开关

开关部件的种类繁多，不同类型的开关部件，其结构存在差异，所实现的功能也各不相同。电子产品会根据功能需求选择适合的开关部件。

电子产品中常见的开关主要有按钮开关、微动开关、按键开关等

❶ 开关部件在电源电路中的应用

图9-13 典型开关部件在电源电路中的应用

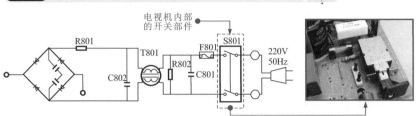

电视机内部
的开关部件

图 9-13为
典型开关部件
在电源电路中
的应用。

❷ 开关部件在报警电路中的应用

图9-14 典型开关部件在报警电路中的应用

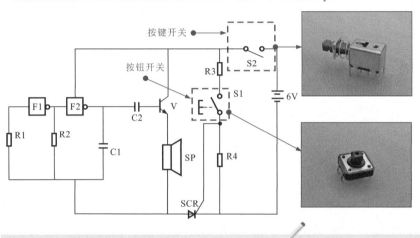

图 9-14为
典型开关部件
在报警电路中
的应用。

9.3.2 开关的检测方法

❶ 按钮开关的检测方法

图9-15 待测按钮开关的实物外形

图9-15为待测按钮的实物外形。对于按钮开关的检测，一般情况是使用万用表检测按钮引脚的阻值。

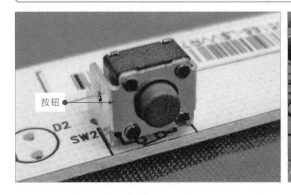
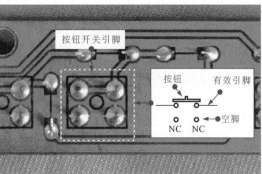

图9-16 按钮开关的检测操作

图9-16为按钮开关的检测操作。控制电路板上采用的是两个引脚的按钮开关，对其进行检测时，应对其引脚进行检测。

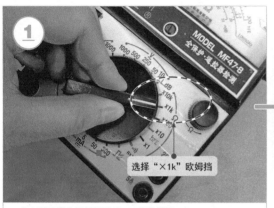

选择"×1k"欧姆挡

将万用表挡位旋钮调至"×1k"欧姆挡。

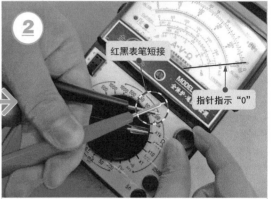

红黑表笔短接

指针指示"0"

将万用表红、黑表笔短接，调整调零旋钮使指针指示"0"位置。

按钮开关

将万用表的两支表笔分别接在按钮开关的两个有效引脚上。

按钮未按下时阻值为无穷大；按下按钮后阻值变为零欧姆。

❷ 微动开关的检测方法

图9-17 待检测的微动开关外形及内部结构示意图

图9-17为待检测的微动开关外形及内部结构示意图。

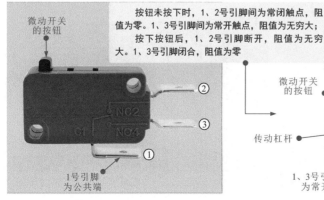

微动开关的按钮

按钮未按下时，1、2号引脚间为常闭触点，阻值为零。1、3号引脚间为常开触点，阻值为无穷大；
按下按钮后，1、2号引脚断开，阻值为无穷大。1、3号引脚闭合，阻值为零

1号引脚为公共端

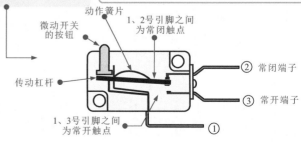

动作簧片

微动开关的按钮

1、2号引脚之间为常闭触点

传动杠杆

② 常闭端子

③ 常开端子

1、3号引脚之间为常开触点

①

图9-18　微动开关的检测操作

检测微动开关，一般可在未按动按钮和按下按钮两种状态下，检测相应引脚间的阻值，根据阻值变化来判断开关的好坏，如图9-18所示。

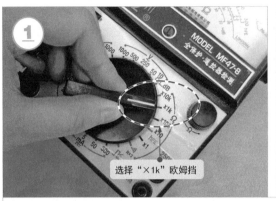

选择"×1k"欧姆挡

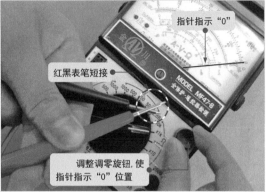

指针指示"0"

红黑表笔短接

调整调零旋钮，使指针指示"0"位置

将万用表挡位旋钮调至"×1k"欧姆挡，然后短接表笔，调整调零旋钮进行欧姆调零操作。

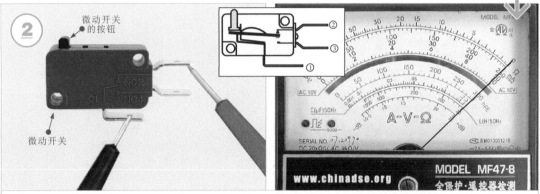

微动开关的按钮

微动开关

将万用表的两支表笔分别接触微动开关1号引脚和2号引脚上，在未按下按钮时，应可测得两引脚间阻值为零（常闭触点）。

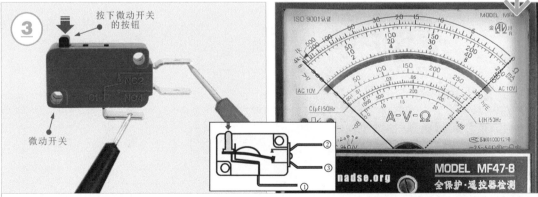

按下微动开关的按钮

微动开关

保持万用表的表笔位置不动，按下微动开关的按钮，内部触点动作，1号和2号引脚间触点断开，其阻值应变为无穷大。

　　1、3号引脚之间的检测方法与上述方法相同。将万用表的红、黑表笔搭在1、3号引脚上，初始状态下，1、3号引脚间为常开状态，阻值为无穷大；按下按钮后，1、3号引脚间接通，阻值为零。若实测与上述情况不符，则说明微动开关内部异常，需更换。

9.4 变压器的应用与检测

9.4.1 变压器的功能与应用

变压器是将两组或两组以上的线圈绕制在同一个线圈骨架上，或绕在同一铁芯上制成的。通常，把与电源相连的绕组称为初级线圈（绕组），其余的绕组称为次级线圈（绕组）。

图9-19 变压器的工作原理

如图9-19所示，变压器可以看作是由两个或多个电感线圈构成的，它利用电感线圈靠近时的互感原理，将电能或信号从一个电路传输给另一个电路。

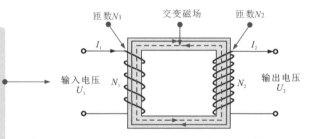

当交流电压（输入电压）加到输入端时，在初级线圈中就会有交流电流，在初级线圈上就产生出交变的磁场。根据电磁感应原理，次级线圈会感应出交流电压。这就是变压器的变压过程。

一般输出电压与输入电压之比等于次级线圈的匝数 N_2 与初级线圈的匝数 N_1 之比，即：$U_1/U_2=N_1/N_2$

变压器的输出电流与输出电压成反比（$I_2/I_1=U_1/U_2$），通常降压变压器输出的电压降低，但输出的电流会增强，而升压变压器输出电压升高，输出电流会减小

图9-20 典型变压器的实物外形

图9-20为典型变压器的实物外形。

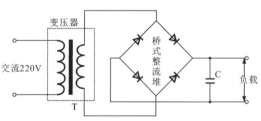

当电子产品开始工作时，交流220V电压送入电源电路板。作为电源电路中的重要器件，变压器的作用就是将输入的交流220V电压转变成一组或多组交流低压，然后再送入整流滤波电路变换成直流，为电路板提供所需的工作电压。

9.4.2　变压器的检测方法

❶ 电源变压器的检测方法

图9-21　待测电源变压器的电路符号和实物外形

如图9-21所示，待测电源变压器是一个220 V—24 V降压电源变压器，该变压器共有5个引脚，其中4脚为空脚。

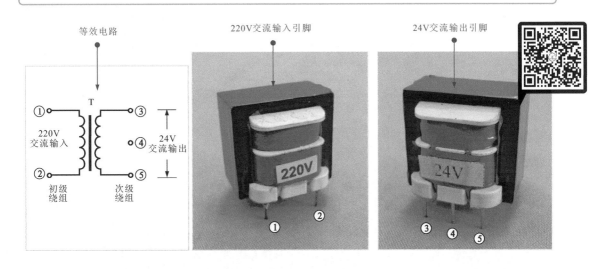

等效电路　　　　　220V交流输入引脚　　　　　24V交流输出引脚

T
① ③
220V 24V
交流输入 交流输出
④
②　　　　 ⑤
初级 次级
绕组 绕组

220V　①　②
24V　③　④　⑤

图9-22　电源变压器的检测操作

如图9-22所示，以典型电源变压器为例，介绍一下电源变压器的检测方法。将万用表进行零欧姆校正，调整好量程，开始对电源变压器进行检测。

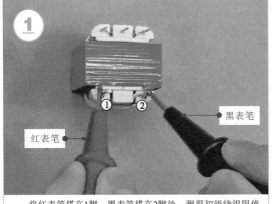

1

黑表笔

红表笔

将红表笔搭在1脚，黑表笔搭在2脚处，测得初级绕组阻值为2200 Ω。

"R×100Ω"挡

测得的阻值为2200Ω。

图9-22 电源变压器的检测操作（续）

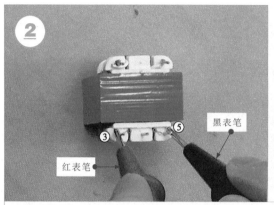

将红表笔搭在3脚，黑表笔搭在5脚处，测得次级绕组阻值为30Ω。

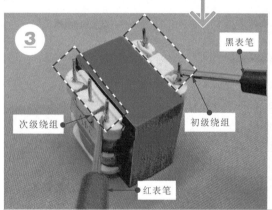

将红表笔、黑表笔分别搭在初级绕组和次级绕组处，阻值为无穷大。

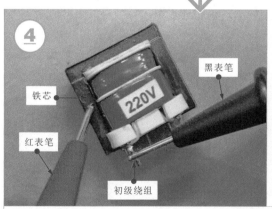
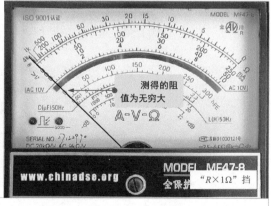

将红表笔、黑表笔分别搭在铁芯和初级绕组处，阻值为无穷大。

　　测得初级绕组间有一定的阻值，次级绕组间有一定的阻值，初级绕组和次级绕组间的阻值为无穷大，初级绕组和铁芯之间的阻值为无穷大。由此可见，该低频变压器正常。

❷ 音频变压器的检测方法

图9-23 音频变压器的电路符号和实物外形

　　如图9-23所示，从音频变压器的电路符号和实物外形看出，待测的变压器共有6个引脚，1脚和2脚为初级绕组，其余引脚为次级绕组。

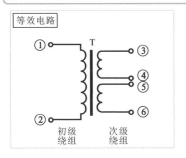

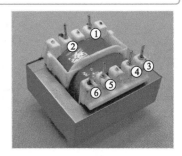

图9-24 音频变压器的检测操作

　　如图9-24所示，正常情况下测得初级绕组间有一定的阻值，次级绕组间有一定的阻值，初级绕组和次级绕组间的阻值为无穷大。由此判断该音频变压器正常。

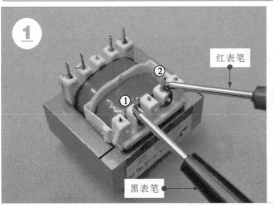

红表笔搭在2脚，黑表笔搭在1脚，测得初级绕组阻值为2200Ω。

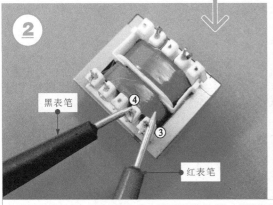

红表笔搭在3脚，黑表笔搭在4脚，测得次级绕组3脚、4脚阻值为15Ω。

图9-24　音频变压器的检测操作（续）

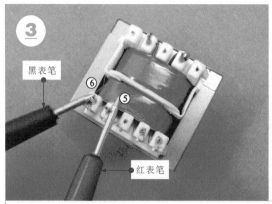

红表笔搭在5脚，黑表笔搭在6脚，测得次级绕组5脚、6脚阻值为55Ω。

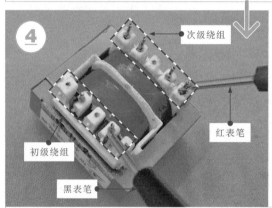

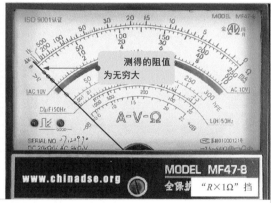

红表笔、黑表笔分别搭在初级绕组和次级绕组上，实测阻值为无穷大。

❸ 高频变压器的检测方法

图9-25　高频变压器的电路符号和实物外形

　　如图9-25所示，高频变压器的电路符号和实物外形可以看出待测的高频变压器共有10个引脚，根据等效电路可知，初级绕组为1脚和2脚，其余引脚为次级绕组，3脚和8脚为空脚。

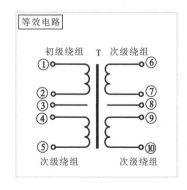

高频变压器

图9-26 高频变压器的检测操作

图9-26为高频变压器的检测操作。

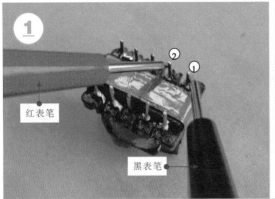

红表笔、黑表笔分别搭在1脚和2脚，测得阻值接近0 Ω。

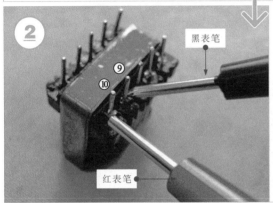

红表笔、黑表笔分别搭在10脚和9脚，测得阻值接近0 Ω。

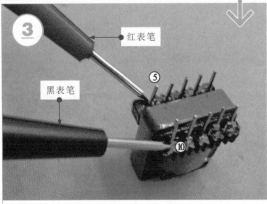

红表笔、黑表笔分别搭在5脚和10脚（检测初级与次级绕组之间的阻值），测得阻值接近无穷大。

④ 阻抗匹配变压器的检测方法

检测阻抗匹配变压器前，首先需对其引脚上的污物进行清理，以确保检测阻值时的准确性。

图9-27 阻抗匹配变压器的电路符号和实物外形

如图9-27所示，该变压器共有6个引脚，根据等效电路可知，1脚和4脚为初级绕组，其余引脚为次级绕组。

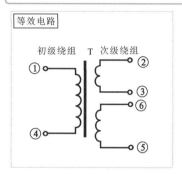

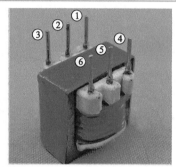

图9-28 阻抗匹配变压器的检测操作

如图9-28所示，正常情况下用万用表检测阻抗匹配变压器同一绕组的引脚，可以测得一定的阻值。

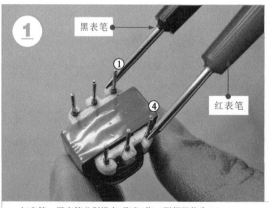

红表笔、黑表笔分别搭在4脚和1脚，测得阻值为4Ω。

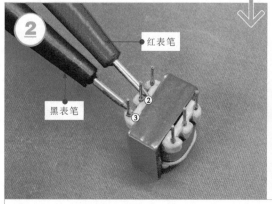

红表笔、黑表笔分别搭在2脚和3脚，测得阻值为1.5Ω。

9.5 继电器的应用与检测

9.5.1 继电器的功能与应用

继电器是一种当输入量（电、磁、声、光、热）达到一定值时，输出量将发生跳跃式变化的自动控制器件。继电器是使用非常普遍的电子元件，在许多机械控制上都采用这种器件。继电器也是一种可控开关，但与一般开关不同，继电器并非以机械方式控制，而是一种以电流转换成电磁力来控制切换方向的开关。当继电器的线圈通电后，会使衔铁吸合从而接通触点或断开触点。

 图9-29 典型继电器的实物外形

输出端
（12～250V DC 45A）

输入端
（5～32V DC）

图9-29为典型继电器的实物外形。

从图可见，给继电器的线圈加上直流电压就会使继电器中的触点动作，利用触点可以去控制交流或直流的大电流电器，也可以控制高压电路。该元器件在电工电子行业应用较为广泛，在许多机械控制及电子电路中都采用这种器件

继电器的种类多种多样，大致可以分为三类，即通用继电器、控制继电器和保护继电器。通用继电器既可实现控制功能，也可实现保护功能，常用的控制继电器有电磁继电器和固态继电器。控制继电器通常用来控制各种电子电路或器件，来实现线路的接通或切断功能。常用的控制继电器有中间继电器、时间继电器、速度继电器、压力继电器等。保护继电器是一种自动保护器件，可根据温度、电流或电压等的大小，来控制继电器的通断。常用的有热继电器、温度继电器、电压继电器及电流继电器等。

9.5.2 继电器的检测方法

 图9-30 待测继电器的实物外形

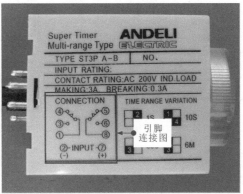

图9-30为待测继电器的实物外形。一般可以采用检测阻值的方法来判断好坏。

以典型时间继电器为例，通过检测其引脚间阻值的方法判断好坏

图9-31 继电器的检测方法

图9-31为继电器的检测方法。

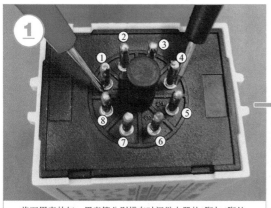

将万用表的红、黑表笔分别搭在时间继电器的1脚与4脚处。

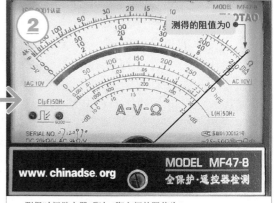

测得时间继电器1脚与4脚之间的阻值为0。

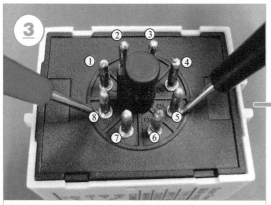

再将万用表的红、黑表笔分别搭在时间继电器的5脚与8脚处。

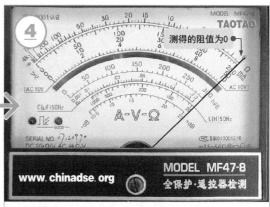

测得时间继电器5脚与8脚之间的阻值为0。

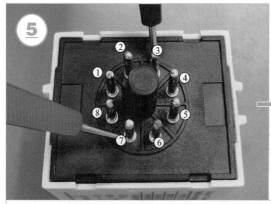

再将万用表的红、黑表笔分别搭在时间继电器的其他任意两引脚处，因互相绝缘，测得阻值为无穷大。

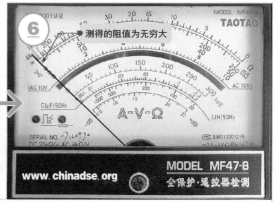

根据时间继电器上的引脚标识进行检测，若测得的时间继电器的接通引脚之间的阻值为零，而其他引脚之间的阻值为无穷大，则表明该时间继电器正常。

9.6 电动机的应用与检测

9.6.1 电动机的功能与应用

图9-32 常见电动机

交流电动机　　　　直流电动机

图9-32为常见电动机,电动机是指所有能够将电能转换成机械能的设备,其种类很多,可以根据电动机的功能将电动机划分成直流电动机和交流电动机两种。交流电动机又可根据电源不同分为单相交流电动机和三相交流电动机两种。

❶ 直流电动机功能

图9-33 典型直流电动机的实物外形

图9-33为典型直流电动机的实物外形。直流电动机是由直流电源(需区分电源的正负极)供给的电能,并可将电能转变为机械能的电动装置。其具有良好的启动性能,能在较宽的范围内进行平滑的无级调速,还适用于频繁启动和停止动作。

供电端　支承板

永磁式电动机

电磁式电动机

直流电动机按照其定子磁场的不同,一般可以分为两种,一种是由永久磁铁作为主磁极,称为永磁式电动机;另一种是给主磁极通入直流电产生主磁场,称为电磁式电动机。电磁式电动机按照主磁极与电枢绕组接线方式的不同,通常可分为他励式、并励式、串励式和复励式

直流电动机顾名思义为通过直流电而转动的电动机,是应用领域很宽的电动机。

直流电动机的种类较多,可根据其结构不同、应用环境不同等进行分类,常见可根据其结构形式不同分为直流有刷电动机和直流无刷电动机两大类。

图9-34 典型直流电动机的应用

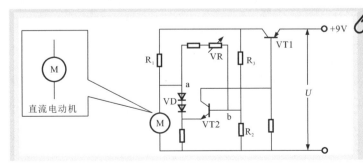

直流电动机

如图9-34所示,直流电动机在电子产品中应用广泛,电源供电电压经电阻器、晶体管、二极管等电子设备后,为直流电动机供电,使直流电动机带动负载工作,实现某种功能。

179

❷ 单相交流电动机

单相交流电动机是利用单相交流电源供电，也就是由一根火线和一根零线组成的220V交流市电进行供电的电机。单相交流电动机根据其结构不同，一般可分为单相同步电动机和单相异步电动机。单相交流电动机结构简单、效率高、使用方便，广泛使用在输出转矩大、转速精度要求不高的产品中，如风扇电机、洗衣机、电动器具中的电机都是单相交流感应电机。单相交流电动机可分为单向异步电动机和单相同步电动机。

图9-35　典型单相异步电动机的实物外形

单相异步电动机

图9-35为典型单相异步电动机的实物外形。

单相异步电动机是指电动机的转动速度与供电电源的频率不同步，对于转速没有特定的要求

单相异步电动机的特点是结构简单、效率高、使用方便，也是目前应用比较广泛的电动机，大多应用于输出转矩大、转速精度要求不高的产品中，例如日常用的风扇、洗衣机等都是采用了单相异步电动机。根据启动方法，单相异步电动机又可分为分相式电动机和罩极式电动机两大类

图9-36　典型单相同步电动机的实物外形

单相同步电动机

图9-36为典型单相同步电动机的实物外形。

单相同步电动机是指电动机的转动速度与供电电源的频率保持同步，对于电机的转速有一定的要求

由于同步电机的结构简单，体积小，消耗功率少，所以可直接使用市电进行驱动，其转速主要取决于市电的频率和磁极对数，而不受电压和负载的影响，转速稳定，主要应用于自动化仪器和生产设备中

在交流电动机中，异步电动机的转子转速总是略低于旋转磁场的同步转速，因此称其为异步电动机；

同步电动机的转子转速与负载大小无关，而始终保持与电源步伐同步的转速。

单相交流电动机的内部结构和直流电动机基本相同，都是由定子、转子以及端盖等部分组成的，与其他电动机不同的是该类型的电机没有启动力矩，不能自行启动，若要正常启动和运行，通常还要有一些特殊的附加启动元件，常见的启动元件主要有启动电阻、耦合变压器、离心开关、启动继电器和启动电容器等。

另外值得一提的是，实际应用中单相异步电动机的应用更为广泛一些，有时也将其称为单相感应电动机。

❸ 三相交流电动机

三相交流电动机是利用三相交流电源供电的电机，一般供电电压为380V。三相交流电动机根据其运行方式可分为三相异步电动机和三相同步电动机。其中三相异步电动机的应用较为广泛。

图9-37 典型三相异步电动机的实物外形及结构示意图

图9-37为典型三相异步电动机的实物外形及结构示意图。三相异步电动机根据其内部结构不同，通常分为笼型和绕线型两种。

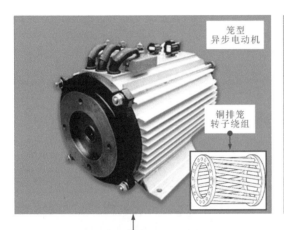

笼型
异步电动机

铜排笼
转子绕组

绕线型
异步电动机

笼型异步电动机的转子线圈采用嵌入式导电条性作鼠笼，这种电机结构简单，部件较少，而且结实耐用，工作效率也很高，主要应用于机床、电梯或起重机等设备中

绕线型异步电动机中转子采用绕线方式，可以通过滑环和电刷为转子线圈供电，通过外接可变电阻器就可方便地实现速度调节，因此其一般应用于要求有一定调速范围、调速性能好的生产机械中

三相异步电动机是指其转子转速滞后于定子磁场的旋转速度。也正是由于该电动机的转子与定子旋转磁场以相同的方向、不同步的转速旋转，所以称其为三相异步电动机。

该电动机主要是由定子、转子轴承端盖和外壳等部分构成的。对定子绕组通入三相交流电源后产生旋转磁场，并切割转子线圈，获得转矩。具有运行可靠、过载能力强及使用、安装、维护方便等优点，广泛应用于工农业机械、运输机械、机床等设备中。

图9-38 典型三相同步电动机的实物外形

图9-38为典型三相同步电动机的实物外形。

三相同步电动机

三相同步电动机是指转速与旋转磁场同步，其主要特点是转速不随负载变化，功率因数可调节，所以通常应用于转速恒定的大功率生产机械中

图9-39 典型三相交流电动机的应用

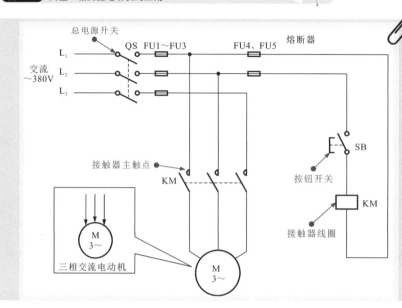

图9-39 典型三相交流电动机的应用

图9-39为典型三相交流电动机的应用。

在生产线上，三相交流电动机应用非常广泛，交流380V电压为该生产线提供工作电压，按钮开关和接触器线圈实现对三相交流电动机的控制。

9.6.2 电动机的检测方法

上面讲述了电动机的功能与应用，主要分为直流电动机和交流电动机两种，下面对这两种电动机的检测方法进行介绍。

❶ 直流电动机的检测方法

图9-40 检测直流电动机的绝缘电阻方法

如图9-40所示，检测直流电动机的绝缘阻值前，先进行零欧姆校正，再检测直流电动机的绝缘电阻。

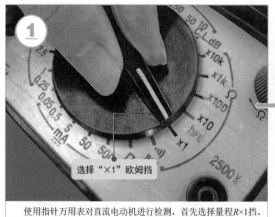

① 选择"×1"欧姆挡

使用指针万用表对直流电动机进行检测，首先选择量程R×1挡。

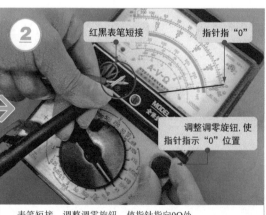

② 红黑表笔短接　指针指"0"

调整调零旋钮，使指针指示"0"位置

表笔短接，调整调零旋钮，使指针指向0Ω处。

图9-40 检测直流电动机的绝缘电阻方法（续）

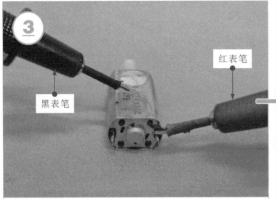

将指针万用表的黑表笔接电动机的外壳，红表笔接电动机的外接引线端。

观察指针万用表的指示读数，指针指向为0Ω，表明电动机存在线圈与外壳短路现象。

❷ 交流电动机的检测方法

图9-41 典型交流电动机中的三角形接线及检测方法

图9-41为典型交流电动机的三角形接线及检测方法。对于交流电动机的检测，检测方法和结构及交流电动机的种类有关，下面以三角形接线方法的交流电动机为例，讲述交流电动机的检验方法。

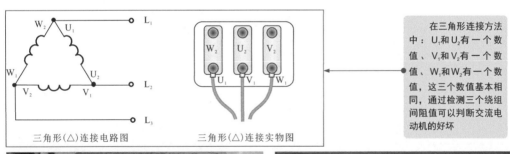

三角形（△）连接电路图　　　三角形（△）连接实物图

在三角形连接方法中：U_1和U_2有一个数值，V_1和V_2有一个数值，W_1和W_2有一个数值，这三个数值基本相同，通过检测三个绕组间阻值可以判断交流电动机的好坏

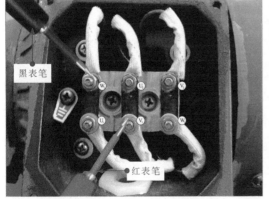

将指针万用表万用表选择$R×1$挡，两表笔短接，并进行零欧姆校正，检测W_1和V_1之间阻值为1.8Ω，U_2和W_1之间的阻值、V_2和U_1之间的阻值与W_2和V_1之间阻值相近，则说明该交流电动机正常

9.7 电声器件的应用与检测

电声器件主要包括扬声器、蜂鸣器、听筒、话筒等设备，下面对这些器件进行检测。

9.7.1 扬声器的应用与检测

扬声器是音频输出元件之一，主要用来实现声音外放功能。对扬声器进行检测主要是检测扬声器的阻值。

图9-42 扬声器的检测方法

图9-42为扬声器的检测方法。

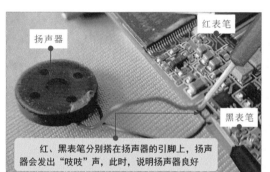

扬声器

红表笔

黑表笔

红、黑表笔分别搭在扬声器的引脚上，扬声器会发出"吱吱"声，此时，说明扬声器良好

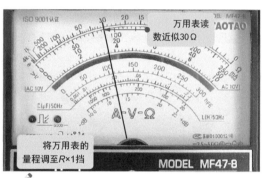

万用表读数近似30Ω

将万用表的量程调至R×1挡

MODEL MF47-8

9.7.2 蜂鸣器的应用与检测

蜂鸣器是应用在报警电路中，主要是利用蜂鸣器发出提示音，对蜂鸣器进行检测主要是检测蜂鸣器的阻值。

图9-43 蜂鸣器的检测方法

图9-43为蜂鸣器的检测方法。

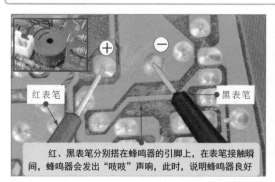

红表笔

黑表笔

红、黑表笔分别搭在蜂鸣器的引脚上，在表笔接触瞬间，蜂鸣器会发出"吱吱"声响，此时，说明蜂鸣器良好

实际测量值为18Ω

将万用表的量程调至R×1挡

MODEL MF47-8

9.7.3 话筒的应用与检测

话筒又称为送话器，是一种声电转换器件，在发送电话时，将声音信号送入音频处理电路中，对话筒进行检测主要是检测话筒引脚的阻值。

图9-44 话筒的检测方法

图9-44为话筒的检测方法。

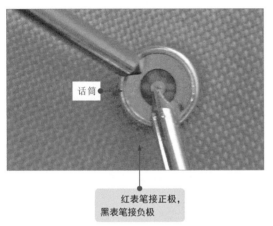

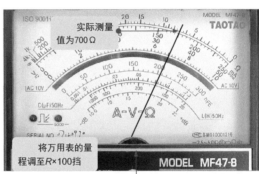

实际测量值为700Ω

将万用表的量程调至R×100挡

话筒

红表笔接正极，黑表笔接负极

万用表的读数为700Ω左右，如果对话筒吹气，万用表指针会摆动，说明话筒性能良好，否则该话筒已经损坏

9.7.4 听筒的应用与检测

听筒又称受话器，是用来发出声音的器件，由音频信号处理电路输出的音频信号送入听筒中，检测听筒也是检测听筒引脚之间的阻值。

图9-45 听筒的检测方法

图9-45为听筒的检测方法。

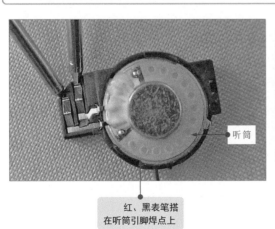

实际测量值为30Ω

将万用表的量程调至R×1挡

听筒

红、黑表笔搭在听筒引脚焊点上

万用表的读数为30Ω左右，说明听筒正常，若检测值与实际值相差很大，则说明该听筒已经损坏